AF312261

ÉTAT ACTUEL

DE

LA SÉRICICULTURE

BORDEAUX. — IMPRIMERIE DE F. DEGRÉTEAU ET Cie

Rue du Pas Saint-Georges, 28.

ÉTAT ACTUEL

DE

LA SÉRICICULTURE

ET

DESCRIPTION DU NID D'UN BOMBYX EXOTIQUE

PAR

M. HENRY TRIMOULET

Archiviste de la Société Linnéenne de Bordeaux,
Membre de la Société entomologique de France,
Secrétaire du Comité d'acclimation des naturalistes de la Gironde.

(Extrait des ACTES de la Société Linnéenne de Bordeaux, t. XXV, 5ᵉ livraison)

BORDEAUX

CHEZ CODERC, DEGRÉTEAU ET POUJOL

(Maison LAFARGUE)

Rue du Pas Saint-Georges, 28.

1865

A MONSIEUR

LE COMTE DE KERCADO

CHEF D'ESCADRON EN RETRAITE

OFFICIER DE LA LÉGION-D'HONNEUR ET DE SAINT-FERDINAND D'ESPAGNE

PREMIER VICE-PRÉSIDENT DE LA SOCIÉTÉ D'HORTICULTURE

DE LA GIRONDE

MEMBRE DU CONSEIL D'ADMINISTRATION DE LA SOCIÉTÉ LINNÉENNE

DE BORDEAUX, ETC., ETC.

HOMMAGE

D'UN COLLABORATEUR AFFECTIONNÉ ET DÉVOUÉ

A.-H. TRIMOULET.

ÉTAT ACTUEL

DE

LA SÉRICICULTURE

ET

DESCRIPTION DU NID D'UN BOMBYX EXOTIQUE

INTRODUCTION

L'année dernière, sur la demande de quelques personnes que cette étude intéresse, j'avais publié dans un journal une série d'articles de sériciculture : je les ai réunis, remaniés et je les publie aujourd'hui sous la forme d'un coup-d'œil général sur l'état actuel d'une industrie qui emprunte à l'entomologie tous les éléments et tous les gages de sa prospérité.

Dans ce travail, auquel je joindrai la description d'un nid de Bombyx extrêmement curieux, je décrirai successivement les principales espèces de vers à soie qu'on a jusqu'ici essayé d'utiliser.

Cette industrie doit être en ce moment d'autant plus encouragée, que la guerre désastreuse d'Amérique menace de se prolonger. Cette guerre a interrompu les communications si nécessaires à l'Europe commerciale et l'a privée des riches produits du Nouveau-Monde. Le manque de coton s'est fait longuement et durement sentir en France et en Angleterre, et la crise cotonnière, jointe aux maladies épidémiques qui ont frappé en Europe le ver producteur de la soie (*Sericaria Mori*), a été pour nous un véritable fléau.

Des hommes compétents se sont occupés de remplacer par un autre produit le coton qui nous manquait, en acclimatant de nouveaux vers à soie moins exposés aux maladies que le *S. Mori*, et qui, par la modicité du prix de leur soie, sont appelés à un grand avenir. Nous ne devons cependant pas perdre de vue que malgré ces découvertes si utiles à propager, nous devons continuer avec ardeur à rechercher l'amélioration du ver à soie du mûrier, dont le produit demeure supérieur à celui des nouvelles espèces.

L'Europe possède trois de ces précieux insectes : les *Saturnia Pyri*, *Spini* et *Carpini*.

L'Asie en fournit dix : le *Sericaria Mori*, et les *Saturnia Pernyi*, *Atlas*, *Selene*, *Banningii*, *Mylitta*, *Ya-mai-mai*, *Cynthia*, *Arrindia* et *Odina-Wadier*.

L'Afrique en nourrit cinq : les *Bombyx Diego*, *Panda* et *Radama*, les *Saturnia Mimosæ* et *Bauhiniæ*.

L'Amérique en a dix : le *Bombyx Psidii* et les *Saturnia Æthra*, *Ceanothi*, *Prometheus*, *Cecropia*, *Polyphemus*, *Hesperus*, *Tarquinus*, *Luna* et *Aurota*.

Total, *vingt-huit* espèces.

Les papillons séricigènes se divisent en deux familles : 1º les BOMBYCIDES ; 2º les SATURNIDES.

Les Bombycides se subdivisent en deux genres : 1º *Sericaria* ; 2º *Bombyx*.

Les Saturnides n'ont qu'un seul genre : *Saturnia*.

Bordeaux, le 17 janvier 1865.

TRIBUS DES BOMBYCIDES.

Genre SERICARIA.

S. MORI LIN.

Historique. — La production de la soie, qui constitue l'une des plus importantes industries de la Chine, y est connue de temps immémorial. D'après le savant sinologue Julien, on la cultivait dans ce pays dès le règne d'Yao, environ 2700 ans avant J.-C. De la Chine, cette industrie passa au Japon vers le IIIᵉ siècle, et fut importée secrètement en Europe (à Constantinople) par des moines vers l'an 600. Au IXᵉ siècle, les Arabes l'introduisirent en Espagne. En 1148, le roi Roger, en installant à Palerme des ouvriers grecs, l'établit en Italie. Le Pape Grégoire X, français d'origine, ayant transporté le Saint-Siége à Avignon en 1268, fonda des fabriques de soie dans le comtat Venaissin. La sériciculture fut successivement protégée en France par Louis XI, Charles VIII, et surtout par Henri IV.

Fortement encouragée, elle ne tarda pas à prospérer ; de nombreuses magnaneries s'élevèrent de tous côtés dans le midi de la France, et firent la fortune de nos provinces méridionales.

Mais, depuis près de dix ans, cette source de richesse semble avoir été frappée de mort, par suite de diverses maladies qui ont attaqué successivement les mûriers et les vers à soie, et qui maintenant sévissent avec une opiniâtreté toujours croissante contre ces derniers. Pour remédier à cet état de choses, de nombreux essais ont été tentés ; mais presque inutilement, et fort peu de succès sont venus couronner les efforts qu'on a pu faire jusqu'à ce jour.

Le germe de la maladie existant déjà dans les graines produites en France, les sériciculteurs, pour se procurer de la graine saine, venant des pays qui ne sont pas atteints par la contagion, sont obligés chaque année de se rendre tributaires de l'étranger.

Le mûrier demande en France beaucoup de soins ; tous les terrains ne lui conviennent pas, et il exige un certain degré de chaleur, sans quoi il ne donne que des rejetons rabougris et s'étiole promptement. Cet arbre doit être planté à deux mètres de distance en tous sens, et il ne peut fournir de feuilles pour l'éducation que vers la quatrième ou cinquième année.

Du choix de l'espèce de mûrier dépendra la réussite des éducations. Telle espèce, en effet, qui réussit bien dans un pays, ne donnera que de mauvais résultats dans un autre ; car, venant dans de mauvaises conditions, elle ne produira que des feuilles malades, nuisibles aux vers et capables d'engendrer des maladies le plus souvent contagieuses. C'est un fait digne de remarque que dans toutes les localités où les vers ont été frappés par l'épidémie avec le plus de violence, les plantations de mûriers avaient elles-mêmes été atteintes précédemment par diverses maladies.

La bonne réussite d'une éducation ne dépend donc pas seulement de la qualité de la graine et du choix de la nourriture ; elle dépend aussi beaucoup d'une multitude de pratiques très-minutieuses, de soins continuels et assidus, auxquels le producteur ne peut manquer sans s'exposer à la perte partielle ou même totale de sa récolte.

Le *Sericaria Mori*, dont on n'a pas encore retrouvé le type sauvage, peut être considéré comme originaire de la Chine et du Japon. Cependant, dans ces pays, l'éducation de cet insecte précieux est entourée de toutes sortes de soins. C'est pour cela que dans nos contrées, où il n'est pas même réellement acclimaté, on doit prendre des précautions beaucoup plus grandes encore.

On peut consulter, pour l'éducation des vers à soie dans l'Inde et la Chine, les Bulletins de la Société zoologique d'acclimatation, t. VII, p. 189 et 373, et t. VIII, p. 204.

Dans nos magnaneries (1), bâtiments construits spécialement pour les vers à soie, entièrement isolés, pour les préserver des bruits du dehors et les mettre à l'abri de toute émanation pernicieuse; il faut entretenir une grande propreté, une ventilation constante et une température régulière et soutenue; il faut que les vers soient dispersés convenablement sur des claies; il faut que la nourriture soit souvent renouvelée : tous ces soins demandent un nombreux personnel.

On doit disposer le bâtiment du Nord au Sud, la façade tournée au Levant, avec un grand nombre d'ouvertures. Au rez-de-chaussée est le dépôt des feuilles, au premier l'atelier, au second un grenier pour faire sécher les feuilles.

C'est surtout au moment des mues que les jeunes vers doivent être entourés de toutes sortes de sollicitudes. Le moindre oubli peut être très-préjudiciable et faire manquer toute une éducation.

A tous ces soins, il faut ajouter le croisement des races, qui, fait avec discernement, serait, je crois, le seul moyen d'éviter la dégénérescence de la race primitive, occasionnée par les perturbations climatériques qu'ils ont à subir dans nos contrées.

Par ce moyen, nous pourrions obtenir chez nous les graines que nous sommes obligés d'aller, à tout prix, chercher à l'étranger. Cette énorme mise dehors s'élève aujourd'hui, pour la France, à environ 25 à 30 millions par an.

Éducation. — La graine (œufs) du *Sericaria Mori*, récoltée avec soin, doit être placée dans un lieu frais, mais néanmoins assez sec; la température doit être maintenue de 17 à 20 degrés centigrades en été, et ne pas descendre au-dessous de 0 en hiver.

Lorsque les feuilles de mûriers sont assez développées pour servir de nourriture aux jeunes vers, on s'occupe de l'éclosion.

Dans les grandes magnaneries, on se sert, pour activer l'éclosion des œufs disposés à l'avance sur des claies, d'étuves ou de chambres chauffées à l'aide d'un poêle.

---

(1) Ce nom vient de *Magnas* ou *Magnan*, terme par lequel on désigne le ver à soie dans les provinces du midi de la France.

En général, en Italie et dans les petits établissements du midi de la France, on a recours, pour cette opération, à des femmes qui portent les graines sur elles et leur communiquent ainsi la chaleur nécessaire.

La température de l'étuve doit s'élever, dans les trois premiers jours, à 18 degrés centigrades, et augmenter graduellement chaque jour d'un degré. Il faut avoir soin de remuer journellement les graines, surtout vers le neuvième jour, époque de l'éclosion, qui peut s'accélérer ou se retarder par l'augmentation ou le maintien de la température.

Vers le huitième jour, les œufs changent de couleur; c'est l'indice de leur prochaine éclosion; il est important que les vers élevés ensemble soient de même âge, pour que les *mues* (changements de peau) aient lieu en même temps.

Pour enlever les vers éclos, on place sur les œufs des feuilles de papier percées de petits trous et couvertes de pousses de mûrier. Par ce moyen, les jeunes chenilles, guidées par leur instinct, garnissent bientôt ces branches, que l'on dispose avec soin sur des *tables à transport*, et de là sur des claies en osier garnies de papier, et disposées contre les murs les unes au-dessus des autres, et distantes de 70 centimètres. A ce moment commencent les soins minutieux que réclame leur nourriture.

La chenille du *Sericaria Mori* subit quatre mues, et chacune d'elles, marquée par une espèce de sommeil ou d'engourdissement léthargique, concourt à la division de leur vie en quatre époques, qui ont chacune leur durée fixe.

La première est de cinq jours;

La seconde de quatre;

La troisième de six;

La quatrième de sept;

La cinquième de dix.

Les chenilles, en se développant, demandent plus d'espace et une nourriture plus abondante; mais, à l'approche des mues, l'appétit se ralentit.

Pour opérer le délitement ou changement de claies, il faut attendre que tous les vers soient recueillis; on place alors sur ces claies des filets que l'on couvre de jeunes rameaux de mûriers; et, au bout de quelque temps, on enlève d'un seul coup les filets et les chenilles qui sont montées à la nourriture fraîche; puis on les place sur de nouvelles claies, et l'on procède ainsi pour toutes les mues.

Le dixième jour après la quatrième mue, qui est la plus dangereuse, et qui réclame dès-lors, de la part de l'éleveur, les soins les plus constants, les chenilles commencent à ne plus manger ; leur peau est transparente, les anneaux se raccourcissent et leur corps devient mou : ce sont les signes où l'on reconnaît que les chenilles veulent coconner.

Il faut s'occuper de planter des rameaux secs dans les claies, contre le bord intérieur, après avoir préalablement opéré le délitement, afin que les claies soient entièrement propres. Très-peu de nourriture leur sera donnée, ce qui suffira à leurs besoins.

Environ un jour et demi après, presque tous les vers sont montés, et au bout de quatre jours, ils ont complètement terminé leur cocon. Quant aux retardataires, on les place dans un endroit aéré, sur une claie préparée exprès, avec un lit de rameaux de l'Ansérine à balais (*Chenopodium scoparium* L.), ou de toute autre plante de port et de consistance analogues, afin qu'ils puissent tisser facilement leur cocon. Dès le huitième jour, on pourra *déramer* ou *décoconner*, c'est-à-dire détacher les cocons des rameaux. Il faut ensuite les trier, séparer les *défectueux*, les *percés* ou *viciés* (1), les chiques (2), les *doubles* ou *douppions* (3), les satinés (4).

Après le décoconnage, on procède au *débourrage*. Cette opération consiste à séparer la bourre de la soie du cocon, et se fait beaucoup mieux à la main qu'à l'aide des machines.

Vient ensuite l'*étouffage :* il s'opère, dans le Midi, au moyen de la vapeur, ou bien en mettant les cocons dans un four légèrement chauffé, ou encore en les exposant à un courant d'air chaud alimenté par un poêle ou un calorifère.

Vient enfin le *dévidage ;* mais le cadre que je me suis tracé ne me permet pas d'entrer dans les détails que demande cette opération.

Comme je l'ai dit précédemment, pendant tout le temps que dure l'éducation, il est indispensable que l'air de l'atelier soit souvent renouvelé au moyen de soupiraux, afin d'en chasser les émanations résultant soit des litières, soit des déjections de cette multitude d'animaux ; on est même obligé, surtout au cinquième âge, de faire des fumigations. Il faut, en un mot, employer tous les moyens possibles d'aération, sans cependant faire baisser la température d'une manière sensible.

---

(1) Cocons ouverts ou faibles d'un bout.

(2) Cocons formés d'une mince couche de soie.

(3) Cocons filés par deux vers.

(4) Cocons d'un grain lâche et inégal.

Au premier âge , elle doit être maintenue à 23° centigrades;

Au second âge , à 24°;

Au troisième âge, à 23°;

Au quatrième âge, à 21° 5;

Au cinquième âge, à 21°.

On peut cependant, en renouvelant l'air, laisser descendre le thermomètre d'environ un degré. Après la récolte des cocons, on fait le choix de ceux que l'on veut conserver pour fournir la graine nécessaire à la prochaine éducation. En général, les cocons qui renferment les papillons mâles sont plus petits et plus légers que les autres, pointus d'un ou des deux bouts, et resserrés au milieu ; les cocons des femelles sont, au contraire, plus gros et plus ronds. Les cocons mâles fournissent une soie plus fine et plus tenace que les cocons femelles.

Après avoir, autant que possible, séparé les mâles des femelles , on les place à l'abri de l'humidité , dans une chambre où l'on maintient la température de 19 à 23° centigrades.

Suivant le degré de chaleur, au bout d'environ vingt-cinq jours commencent les éclosions ; on doit alors ne laisser pénétrer dans la chambre que très-peu de lumière; c'est de cinq à huit heures qu'ont lieu les éclosions.

Quelques temps après leur naissance, on rapproche les mâles des femelles ; dès qu'on les voit s'accoupler et que le tremblement du mâle uni à la femelle annonce l'accouplement parfait, on les pose sur un châssis disposé à cet usage, et on les porte dans une chambre aérée, fraîche et très-obscure; quand on s'aperçoit que les papillons se disséminent, on sépare les mâles des femelles, et le lendemain on les réunit de nouveau pour un deuxième accouplement.

Les femelles étant fécondées et séparées des mâles , on les prend légèrement et on les place sur une toile tendue sur un chevalet établi perpendiculairement dans une chambre sèche, fraîche et toujours obscure.

Chaque femelle donne environ 450 à 500 œufs qui sont d'abord d'un jaune-clair, se foncent un peu et passent ensuite à la couleur ardoisée, si la fécondation a eu lieu. Ces changements s'opèrent dans une vingtaine de jours.

M. Kaufmann a constaté que quand la graine est dans de bonnes conditions, elle prend par son immersion dans l'eau bouillante une teinte lilas foncé que ne présente jamais la graine provenant de magnaneries où la maladie existe.

En Chine, il existe une race spéciale appelée *Nizé* qui donne deux récoltes, l'une au printemps, l'autre en automne.

On peut, dans le Midi, faire deux éducations successives; pour atteindre ce but, on divise les graines en deux parts.

Pour la première, on agit comme il a été dit précédemment, et lorsque les chenilles sont arrivées à la quatrième mue, on prend la seconde part de graines, qu'on a laissée à une température de 12° centig., et on l'élève graduellement comme on l'a fait pour la première éducation. En agissant de cette manière, on peut retarder l'éclosion à volonté, et faire jusqu'à trois éducations par an.

Il faut avoir pour ces nouvelles générations de jeunes feuilles, afin de donner une nourriture convenable aux chenilles nouvellement écloses.

Par ce moyen on aura toujours une ressource dans la deuxième éducation, quand, par suite d'orages ou de brusques variations atmosphériques, on aurait manqué la première.

Mûriers. — Afin d'avoir toujours des feuilles qui conviennent aux jeunes vers, on a cultivé avec succès le *Mûrier nain* et le *Nangasaki* (*Morus japonica* Hort. Dyck.), plantés en haies, et qu'on oblige par la taille à donner de nouveaux rameaux.

Les autres principales variétés de mûriers cultivés pour la nourriture du *Sericaria Mori* sont les suivantes :

Le *Mûrier blanc* (*Morus alba* L.), dont l'usage est le plus répandu, a les feuilles luisantes en dessus, glabres, des deux côtés, et le fruit blanc.

Le *Mûrier multicaule* (*Morus multicaulis* Perrotet), qui est plus rustique que le précédent, prend facilement de bouture et pousse rapidement, car, dans l'année, il peut donner des rameaux ; ses feuilles sont plus larges que celles des autres variétés.

Le *Mûrier d'Italie* ou *mûrier rose* (*Morus italica* Poiret) ainsi nommé à cause de la couleur de son bois, et dont les feuilles sont assez estimées.

Le *Mûrier noir* (*Morus nigra* L.), le *Mûrier de Constantinople* (*Morus byzantina* Siéb.) et le *Mûrier à papier* (*Broussonetia papyrifera* Vent.), peu employés, donnent des feuilles qui sont à-peu-près impropres à la nourriture des vers à soie.

Les mûriers sont cultivés en haute tige, demi-tige, basse tige, haies et taillis.

En général, on préfère la culture en demi-tige ; l'exposition au levant est la plus avantageuse; on les taille tous les ans après l'effeuillage ; la cueillette doit être faite avec soin, afin de ne pas endommager le bois.

(15)

Divers succédanés du mûrier ont été tentés inutilement : la scorso-
nère, la ronce, l'ortie, la laitue, etc.

Maladies. — Les vers à soie du mûrier sont sujets à plusieurs maladies, dont voici les principales : la *grasserie*, la *consomption*, la *jaunisse*, la *pébrine*, la *muscardine*.

La grasserie est occasionnée surtout par une trop forte chaleur ; elle
se manifeste à l'époque des mues, par une enflure générale. Les vers
deviennent luisants, continuent à manger, mais ne font pas de cocons.
Le meilleur moyen de combattre cette maladie est de placer les vers
atteints dans un endroit frais et aéré.

La consomption est produite par l'humidité des feuilles, car la litière
mouillée plonge les chenilles dans une langueur qui les paralyse ; les
vers qui en sont atteints ne mangent plus, deviennent mous, et souvent
périssent écrassés par les autres.

La jaunisse se montre après la quatrième mue, à l'époque de la mon-
tée ; les anneaux des chenilles se gonflent et l'on aperçoit sur leur corps
des taches d'un jaune doré. Une bonne aération évitera cette maladie,
et comme elle n'est pas générale, il vaut mieux jeter les vers atteints.

Dans la première période de la pébrine, la chenille est tachée de
points roussâtres, mange moins ; puis les taches se foncent, s'étendent
et finissent par couvrir tout l'animal, qui cesse de manger, se racornit,
et meurt environ sept jours après.

La muscardine est contagieuse, et par cela même la plus dangereuse de
ces maladies ; elle attaque les vers à tout âge. L'animal prend d'abord
une teinte rouge, puis passe au blanc et meurt bientôt. Le corps se des-
sèche, se durcit et se couvre d'une espèce de moisissure.

Le principe de cette maladie est dans le développement d'un *Uredo,* qui
s'attache sur le ver, et finit par l'épuiser en s'appropriant sa substance.

Selon l'opinion de quelques sériciculteurs, cette maladie prendrait
naissance dans l'œuf, grandirait et se développerait avec la chenille. Je
pense, au contraire, que le ver renfermé dans l'œuf la tient de la génération précédente.

Sous le nom d'épizootie des vers à soie, on comprend non-seulement
les maladies ci-dessus indiquées, mais encore la *gattine*, la *négrone* et
l'*étisie,* qui ne sont que des cas particuliers.

M. le Dr Chavannes, de Lausanne, dit (1) « que les principales ma-

---

(1) **Bull. de la Soc. imp. zool. d'accl.,** vol VII, p. 111 et vol. VIII, p. 408.

» ladies des vers à soie sont dues aux éléments urineux regressifs qui
» vicient le sang.

» Elles ne sont pas contagieuses par leur nature. Ce sont des *urémies*
» et des *hippurémies* qui se présentent sous trois formes :
» *a.* — Hippusémie phthisique, qui donne lieu aux *passés ;*
» *b.* —   —   hydropique, aux *jaunisses* et aux *gras ;*
» *c.* —   —   tachetée, aux *gattines, pébrines, pattes grillées.*
» Les papillons malades transmettent par hérédité aux œufs et aux
» vers qui en naissent, une très-grande prédisposition à contracter ces
» maladies. »

Un très-grand nombre d'essais ont été faits pour combattre ces maladies ; on a employé tour-à-tour les poudres de *quinquina,* de *valériane,*
de *moutarde,* de *gentiane,* de *fleur de soufre* et même de *sucre râpé ;*
on a aussi employé des *bains* et des *fumigations.*

Dans les établissements qui ont été frappés de maladies contagieuses,
on doit laver tous les instruments employés avec une dissolution de
sulfate de soude, afin de détruire tous les germes morbides ; quelques
personnes poussent même la précaution jusqu'à laver les œufs dans la
même dissolution.

On attribue l'épizootie actuelle des vers à soie à diverses causes que
plusieurs sériciculteurs en renom défendent avec énergie.

Selon moi, la plus probable est que nos vers à soie, sous l'influence
de perturbations climatériques, sont plus prédisposés à contracter des maladies épidémiques dues aussi à la haute température des magnaneries.

En effet, les graines exposées à des températures variables sont ame-
nées, une ou plusieurs fois, à un commencement de travail d'incubation,
à l'époque où elles devraient rester endormies, et, pour cette cause,
elles ne peuvent donner que des vers à soie maladifs.

Les variations de température de nos climats ont altéré également la
constitution des mûriers ; il n'est donc pas étonnant que les vers déjà
malades et nourris avec des feuilles malades, aient contracté des maladies héréditaires, qui n'ont fait que s'aggraver de génération en génération.

Afin de régénérer l'espèce, tant que dureront les causes générales de
l'épizootie, il serait utile que les éleveurs se procurassent des graines
provenant des pays plus froids que ceux dans lesquels doivent avoir lieu
les éducations. Il serait aussi plus hygiénique pour les vers à soie que
l'éducation fût faite dans un lieu très-aéré, sous un hangar par exem-

ple, et que les chenilles fussent placées sur des rameaux et non sur des feuilles.

Une expérience faite à Troyes (à Saint-Hippolyte) semblerait établir que des graines provenant de parents gattinés, peuvent donner de bonnes récoltes dans des pays exempts d'épidémie (*Bull. Soc. zool. d'accl.*, t. X, p. 103)

Une température trop basse est regardée à tort comme un danger ; elle ne peut tout au plus que retarder la récolte, tandis qu'une température trop élevée et un air impur peuvent la détruire complètement.

M. Guérin-Méneville donne dans le Bulletin de la Société zoologique d'acclimation, t. V, p. 55, des moyens pratiques pour restaurer la graine de vers à soie.

Les principales races élevées en France sont : les *Sina*, les *Milanais*, les *Petits Espagnols*, les *Coras*, les *Dandolo*, les *Novi*, les d'*Aubenas*, les *Loundun*, etc.

Il y a des races à cocon blanc, jaune, nankin vert, rose, etc.

Ce ne fut que vers l'année 1824 que la culture des vers à soie commença à prendre quelque importance dans notre département, sous l'administration de M. le baron d'Haussez, alors préfet de la Gironde.

La Société Linnéenne de Bordeaux concourut à propager cette nouvelle culture, en montrant les avantages qu'on pourrait tirer d'une branche d'industrie aussi importante ; elle s'occupa activement des moyens de faciliter et de répandre ce genre d'exploitation rurale, et elle accorda des médailles aux cultivateurs de mûriers.

Les principaux établissements qui fonctionnent ou qui ont fonctionné dans le département sont ceux :

Dans le *Libournais* : de MM. le duc Decazes, au château de la Grave ; le comte de Digeon, au château de Vitasse, passage de Cadillac-sur-Dordogne, et de Vielcastel, à Saint-Avid-du-Moiron, près Sainte-Foy. (Ces deux dernières magnaneries, qui prennent rang parmi les plus anciennes, datent, dit-on, du règne d'Henri IV.)

Dans le *Bordelais* : de MM. Lafont-Féline, au Bouscat ; Morin, Bresson, Roger, au Vigean ; comte de Kercado, à Gradignan ; Ginouilhac, à Blanquefort ; général vicomte de Borelli, au Taillan ; Olivier Durand, à Bassens ; Valet, à Pessac ; Andrejeau et de Brunski, à Saint-Selves, et la maison agricole de Saint-Louis (l'abbé Buchou), à Villenave-d'Ornon.

Dans le *Réolais* : de MM. Duverger, à Blaignac, et l'abbé Dupeyron, à Taillecavat, canton de Monségur.

Enfin, dans l'arrondissement de *Lesparre* : de MM. Germain, à Pauillac; Grimailh, à Saint-Laurent; Coiffard, à Saint-Trélody, et Delong, à Lesparre.

De tous ces établissements, les seuls qui fonctionnent encore aujourd'hui sont ceux du château de Vitasse, de Saint-Avid-du-Moiron, de MM. Ginouilhac, à Blanquefort; Olivier Durand, à Bassens; Duverger, à Blaignac.

Les succès qui ont couronné la fondation des premiers établisements avaient engagé les propriétaires à faire de nouvelles plantations; mais ces espérances furent malheureusement déçues, et la décadence ne tarda pas à arriver.

Les causes qui ont entraîné la chute de ces nombreuses magnaneries sont à-peu-près les mêmes que dans les autres départements :

1° Les maladies des mûriers; 2° les épidémies sur les vers à soie.

Il faut y ajouter encore le manque d'ouvriers dans la Gironde, et la cherté des salaires.

Grâce à l'intelligente initiative de quelques-uns de nos concitoyens, et à la bienveillante protection du gouvernement, Bordeaux vient d'être doté d'un jardin d'acclimatation qui pourra, par sa proximité de la ville, servir de champ d'étude pour rechercher les causes de ces maladies et trouver les moyens de les combattre avantageusement. A cet effet, on établirait une magnanerie modèle où les sériciculteurs pourraient venir puiser d'utiles enseignements, qui leur éviteraient ainsi de nombreux mécomptes. Il en serait de même de la culture du mûrier : des essais de variétés et de culture seront faits avec soin; on pourra, soit en accélérant, soit en retardant leur végétation, les préserver des gelées tardives et des vents salés qui leur sont si préjudiciables.

La difficulté qui existait autrefois de se procurer des ouvriers capables, que l'on faisait venir à grands frais du Midi, n'existe plus, aujourd'hui que les voies ferrées ont rendu les communications faciles.

Il serait aussi d'une haute importance que M. le Préfet de la Gironde, prenant à cœur de donner une impulsion nouvelle à cette utile industrie, qui aujourd'hui est presque totalement perdue après avoir donné de si belles espérances, nommât, de concert avec les Sociétés Linnéenne, d'Agriculture et d'Acclimatation (Parc Bordelais), une commission chargée d'un rapport sur toutes les magnaneries qui auraient existé dans le département.

Cette commission, qui s'attacherait spécialement à la recherche

des causes de la décadence, proposerait les moyens d'y remédier, et
alors pourrait mettre ses observations en pratique dans le nouveau jardin
d'acclimatation.

C'est à M. le baron d'Haussez et à la Société Linnéenne de Bordeaux
que la Gironde est redevable de l'établissement sérieux de la culture des
vers à soie dans le département.

A M. le comte de Bouville, aidé du concours des Sociétés Linnéenne,
d'Agriculture et d'Acclimatation, le soin de régénérer désormais une
industrie qui peut être une source de richesse pour le département qu'il
administre.

Genre BOMBYX

B. PSIDII Sallé.

Ce Bombyx, qui a été aussi appelé *B. Madruno* est originaire des
États de la Nouvelle-Grenade et du Mexique ; ce fut M. *Françis Lavallée*,
ancien consul de France à la Vera-Cruz, qui en fit le premier l'envoi à
M. Ramon de la Sagra, en 1851.

Ces chenilles vivent en famille et confectionnent des nids énormes,
puisqu'ils atteignent près de 80 centimètres de long sur 30 centimètres
de diamètre. La soie est d'une blancheur éclatante, surtout avant les
pluies ; elle est aussi d'une finesse et d'une résistance remarquables ; on
l'appelle dans le pays *seda vegetal* (soie végétale).

Ces poches ou nids sont très-communs dans quelques forêts, sur un
arbre de la famille des *Guttifères,* décrit par Alex. de Humbold, sous le
nom de *Calophyllum Madruno.*

M. A. Sallé a donné la description de ce Bombyx et de sa chenille dans
les Annales de la Société entomologique de France, 3e série, vol. V,
p. 16 : « Port et taille du *B. Rubi* d'Europe, d'un fauve grisâtre.... Les
» chenilles vivent sur le gouyavier et aussi une espèce de chêne. Elles
» sont velues, couleur chocolat ; les poils, peu épais, sont courts, roux,
» soyeux et doux au toucher ; cependant, quelquefois, ils entrent dans la
» peau et causent une grande démangeaison. Elles sont nocturnes et se
» tiennent toute la journée dans le nid qui en contient environ une cen-
» taine, et elles sortent le soir au crépuscule, pour aller chercher leur
» nourriture. Elles fixent leur nid à l'extrémité des branches ; elles vivent
» en société depuis leur naissance jusqu'à l'époque de la chrysalidation.
» Le nid a une ouverture en bas, par où tombent les excréments et

» les chenilles mortes. Pour se métamorphoser en chrysalides , les che-
» nilles groupent leurs cocons les uns à côté des autres. Cela a lieu vers
» la fin de mars , elles restent ainsi jusqu'en juin , époque à laquelle
» éclosent les papillons ; ceux-ci sortent vers les quatre ou cinq heures
» du soir, et ne s'envolent que vers sept heures, au commencement de
» la nuit. Les papillons vivent cinq à six jours, les œufs éclosent seize
» jours après avoir été pondus. »

D'après M. J. A. Nieto, entomologiste mexicain, cette chenille vivrait huit mois ; ce serait un très-grand inconvénient pour l'élever à l'état domestique.

Voici quelques renseignements extraits d'un ouvrage imprimé à Jalapa en 1831, intitulé *Estadistica del estado libré y soberano de Vera-Cruz* :

« On pourrait établir à Acayucan une fabrique pour les tissus de soie
» sauvage, qui est si abondante dans ses environs, et on éviterait ainsi
» que la récolte de cette précieuse filasse se perdît annuellement, et
» la graine ne deviendra 'pas rare dans les endroits où il se trouverait
» naturellement jusqu'à 500 bourses (nids) qu'emportaient annuelle-
» ment les Oaxaquiens, faisant par là manquer la récolte de l'année sui-
» vante, et la toile qu'on parvient à fabriquer de cette étoffe, deviendrait
» probablement aussi estimée parmi nous que l'est celle du Kien-Chen
» parmi les Chinois. »

On lit encore dans le même ouvrage, « qu'à Jalacingo , à sept lieues
» de Perote et à seize de Jalapa, on ne connaît pas le ver-à-soie pro-
» prement dit, mais une autre espèce distincte , différente dans sa mé-
» tamorphose, sa manière de former le cocon, et le résultat de la matière
» qu'il produit. Une multitude de ces chenilles se groupent dans une
» espèce de poche douce qu'elles forment sur les chênes, et il en résulte
» une soie assez fine, qu'on nomme *sauvage (del monte)*. Ce n'est pas un
» fil qui se puisse dévider, c'est plutôt un duvet (*mota*) qui se file au
» fuseau , et dont on fait des tissus très-réguliers , mais ils sont aban-
» donnés sans savoir pourquoi.

J'ai reçu , au mois de juin de l'année dernière , un nid que je soup-
çonne appartenir à ce même Bombyx ; malgré les chaleurs de l'été,
aucun cocon n'est éclos (1). Si les essais que j'espère être à même
d'entreprendre réussissent, ce serait un grand avantage pour les sérici-

---

(1) Je viens d'en ouvrir plusieurs qui contiennent des chrysalides vivantes (23 juin 1865). Écloront-elles cet été ? Pourrons-nous l'élever sur le chêne ?

cúlteurs, d'avoir à faire la récolte de nids contenant au moins cent cocons, plutôt que d'être obligé de les ramasser un à un, comme pour les autres espèces que l'on essaie d'acclimater; d'autant plus que l'on aura deux sortes de soie : celle des cocons, qui est très-belle, et celle du nid, qui est inférieure, mais qui est beaucoup plus solide.

En attendant de pouvoir donner la description de ce Bombyx, s'il est nouveau, ainsi que celle d'un de ses parasites qui m'est éclos l'année dernière, je donne celle de son nid, qui n'a pas encore été décrit :

Comme l'espèce précédente, ces chenilles vivent en famille, et concourent toutes à la formation du nid, qui n'atteint guère que de 25 à 40 centimètres de long sur environ 15 centimètres de diamètre. Il est fixé aux branches par l'extrémité la plus étroite; à la partie inférieure se trouve une ouverture, par où tombent les excréments et les chenilles mortes.

A première vue, la soie qui forme l'enveloppe générale paraît grossière; elle a l'aspect de parchemin d'une couleur jaune clair, mais elle est d'une solidité à toute épreuve. Malheureusement, elle ne peut être dévidée : toutes les chenilles y ayant travaillé, elle doit être cardée. Au moment de la chrysalidation, les chenilles filent leurs cocons séparément, en les groupant dans ce nid les uns à côté des autres; comme certaines espèces du genre *Saturnia,* elles se réservent une sortie. Je crois ce cocon susceptible de pouvoir être dévidé. La soie en est beaucoup plus belle et plus foncée que celle du nid général.

B. RADAMA Coquerel.

Ce ver à soie, introduit en France en 1854 par les soins du D^r Ch. Coquerel, chirurgien de la marine impériale, est originaire de Madagascar.

Les chenilles de ce Bombyx filent d'énormes poches d'un brun-jaunâtre, qui varient pour la grandeur; quelques-unes atteignent trois à quatre pieds de long et sont d'une forme plus ou moins allongée; elles sont fixées aux branches par l'extrémité la plus étroite. Une membrane épaisse, garnie en dehors de poils soyeux, forme l'enveloppe de ce nid; la face interne est garnie d'une sorte de bourre de soie assez grossière, et les cocons sont disposés au centre en lignes régulières; ils sont ovoïdes et légèrement aplatis, par suite de la pression commune.

Ces nids sont très-communs à Sainte-Marie; les chenilles, avant leur métamorphose, vivent en famille sur divers végétaux et spécialement sur un grand arbre de la famille des légumineuses, *Intsia Madagasca-riensis* DC., qui se trouve aussi à l'île Bourbon.

Elles travaillent de concert à la fabrication de l'enveloppe commune, dans l'intérieur de laquelle chacune file ensuite séparément son cocon particulier, comme du reste l'espèce précédente et les suivantes qui vivent en famille. Il en résulte beaucoup d'irrégularité dans la grandeur de la poche et le nombre des cocons qu'elle renferme; il y en a qui mesurent jusqu'à quatre pieds de long.

Dans le pays, c'est au commencement de l'hivernage que ces chenilles commencent à filer; dans le courant du mois de novembre les cocons sont terminés : la sortie du papillon varie depuis décembre jusqu'en mars. Au premier abord cette soie paraît grossière; cependant l'industrie peut lui donner de l'éclat et en faire des tissus d'une solidité remarquable, et de belles étoffes.

Dans l'île de Madagascar, les Hovas recueillent les cocons et en tissent de belles étoffes; ils désignent la soie sous le nom de *Landy*, et ils appellent *Sikindandy* les vêtements de soie; les fils sont trop courts pour qu'on puisse les dévider; on les carde avec la bourre.

Cette espèce pourrait s'acclimater à Bourbon. Les chenilles sont d'un gris-jaunâtre avec la tête d'un beau brun-fauve, une ligne dorsale d'un brun-jaunâtre; les segments présentent de chaque côté de la ligne médiane une série de gros tubercules noirs garnis de poils raides. Quoique ces chenilles soient très-velues, les poils ne se détachent pas comme ceux de nos chenilles processionnaires, et ne produisent pas sur la peau les vives irritations qu'occasionnent l'attouchement de ces dernières.

L'acclimatation de cette espèce ne pourrait offrir de grands avantages que pour nos colonies.

B. DIEGO Coquerel.

Ce ver à soie vient, comme le *B. Radama*, de l'île de Madagascar; il est très-commun à l'île de Diego Suarez.

Il est très-voisin du précédent : le papillon est plus petit, sa coloration générale, au lieu d'être blanc-argenté, est jaune-fauve pâle; la soie qui forme le nid des chenilles est plus blanche et plus fine.

B. PANDA Bdv.

Cette quatrième espèce a été nommée et décrite par M. le Dr Boisduval; elle est encore originaire de Madagascar : les habitants du pays utilisent sa soie.

Ces chenilles paraissent avoir les mêmes habitudes que leurs congénères ; elles vivent en famille et construisent également de ces poches ou nids gigantesques.

B. CAJANII Vinson.

Le R. P. Jouen dit qu'à Madagascar, et particulièrement à Emirina, existe un autre ver à soie indigène, qui est noir et de 8 à 11 centimètres de longueur.

Les Hovas élèvent ce ver en plein air et le transportent après l'éclosion sur un arbrisseau nommé *Ambrevate* (*Cytisus Cajanus*), que l'on plante exprès ; ils ne les visitent jamais que pour amasser les cocons. On ne peut pas les dévider : il faut les carder et les filer à la main ; ils produisent une soie très-forte et de longue durée, appelée dans le pays *Landy*.

M. Auguste Vinson donne la figure du papillon, de la chenille et du cocon, dans le premier numéro du Bulletin de la Société d'acclimatation de l'île de la Réunion, fondée à Saint-Denis en 1862.

Cette culture, d'après M. Vinson, pourrait être importée en Algérie, et même en Corse, ainsi que dans nos provinces du Midi, où la culture de l'ambrevate aurait lieu l'été.

Le ver à soie de l'ambrevate a 45 millimètres de long ; son corps est composé de douze segments : près de la tête, sur les deuxièmes et cinquième segments, se présentent quatre épis ou houppes rétractiles ; les épines qui les forment sont au centre d'un beau bleu, et à l'extérieur d'un jaune-doré. Le ver rentre en partie ces redoutables défenses, ou les hérisse à volonté, suivant l'état de calme ou de colère dans lequel il se trouve. Tout le corps est d'une couleur brun-marron formé par le mélange d'un fond jaunâtre, strié de points bruns et semé de piquants raides, noirs, assez longs et disséminés.

Cette chenille tisse parmi les feuilles un cocon d'une forme ovalaire de 45 millimètres de long, d'un gris sale, hérissé de poils noirs très-piquants ; la soie est très-fine et très-serrée. La chrysalide que renferme ce cocon est grosse, d'un brun-marron. Elle est *comestible et fort recherchée* des Hovas qui la mangent après l'avoir fait frire.

Le papillon est de moyenne taille : la femelle d'un gris-perle ; le mâle, plus petit, est d'un rouge particulier qui varie.

Éducation. — Les œufs pondus par le papillon éclosent après vingt jours ; les jeunes chenilles qui naissent ont de 7 à 8 millimètres : c'est alors qu'on les transporte sur les pieds d'ambrevate. Le poil de cette chenille produit de très-fortes démangeaisons. On fait de deux à quatre éducations par an ; pendant l'hiver, il y a suspension.

B. PYTIOCAMPA Fab.

Le *B. Pytiocampe*, originaire de nos pays, vit en famille sur le pin maritime (*Pinus pinaster* Sol.), où il forme des nids de 20 à 25 centimètres de longueur sur 15 à 20 d'épaisseur.

M. Sicard a extrait de la soie de ces nids (voir *Bul. de la Soc. zool. d'accl.*, t. V, p. 42). Je ne crois pas que l'on arrive à un bon résultat ; cependant, si on pouvait réussir à tirer parti de ces nids, ce serait une source de richesse pour les départements de la Gironde et des Landes, où cette chenille est en grande abondance et fait des dégâts considérables ; elle y est connue sous le nom de *processionnaire du pin.*

Tribu des SATURNIDES.

Genre SATURNIA.

S. MIMOSÆ Bdv.

Cette Saturnie, décrite par le Dr Boisduval, vient de Port-Natal, elle est très-commune dans l'Intérieur du pays : elle se nourrit de *Mimosæ*. On peut espérer que la chenille s'accommodera de quelques autres plantes, les Saturnies étant polyphages ; on pourrait alors acclimater, ce qui serait d'un avantage considérable, les cocons étant excessivement riches en soie d'une qualité excellente.

S. SELENE.

M. Th. Hutton envoya en 1859, à la Société d'acclimatation de Paris, une nouvelle espèce de ver à soie, le *S. selene,* provenant de l'Himalaga. M. Guérin-Méneville en confia l'éducation à M. Hardy, directeur de la Pépinière du gouvernement à Alger.

Le *S. selene* se nourrit parfaitement sur un arbrisseau cultivé au Hamma, le *Schinus terebenthifolius* Radd. du Brésil ; il se nourrit également de feuilles de cerisier sauvage.

M. E. Kaufmann a réussi en Prusse, à Berlin, une éducation complète de ces chenilles, en leur donnant pour nourriture du noyer et du châtaignier.

S. LUNA Lin.

Le *Luna* vient des États-Unis; il accomplit ses mues en sept semaines; il tisse son cocon en septembre et passe l'hiver en chrysalide : il n'a qu'une génération par an.

La chenille du *S. Luna* vit sur le *Liquidambar styracifolia* L.; il se nourrit également de diverses espèces de noyers et de plusieurs autres végétaux. M. Milne Edwards a fait représenter les différents âges de cette Saturnie.

Le cocon est d'un gris clair, la soie en est brillante et assez fine, on n'a pas pu encore trouver de procédé pour la dévider. A l'état parfait cette Saturnie est un élégant papillon de couleur verte, avec les ailes postérieures prolongées en forme de queue. Elle est excessivement commune dans les bois de la Louisiane, de la Géorgie et de la Caroline du Sud, et pourrait parfaitement s'acclimater en Europe. L'insecte passant la fin de l'été, l'automne et l'hiver sous forme de chrysalide permet, sans la moindre difficulté, de faire venir très-facilement les cocons d'Amérique; car, pendant huit à neuf mois consécutifs, ces envois peuvent aisément s'effectuer. (Voir *Papil. exot.* de Cramer, t. I, pl. 2 et 31.

S. ODINA–WODIER.

M. Perrottet, directeur du Jardin botanique à Pondichéry, a envoyé de l'Inde, à la Société impériale d'acclimatation de Paris, une nouvelle espèce de vers à soie qui vit sur l'Odina-Wodier, arbre de la famille des Térébinthacés.

D'après les expériences qui ont été faites, ces cocons offrent très-peu de ressources, et leur acclimatation serait à-peu-près infructueuse.

Le papillon que produit cette chenille est remarquable; il est de la grandeur du.*S Pyri,* bleu de ciel, et a les ailes prolongées en queue.

S. PYRI Bork.

Cette espèce est originaire d'Europe où elle est vulgairement appelée *paon de nuit;* elle se nourrit des pruniers sauvage et domestique; elle n'a, comme la précédente, qu'une venue par an.

On a tenté quelques essais pour dévider le cocon, mais je crois qu'on n'aboutira à aucun résultat et que sa soie n'aura jamais aucune valeur industrielle ; il en est de même du *S. Carpini* Bork., qui vient aussi en Europe et qui se nourrit d'*Erica vulgaris, Prunus spinosa, Rubus fructicosus, Salix.*

S. SPINI Bork.

La soie du cocon du *S. Spini*, qui est aussi d'Europe, est employée, m'a-t-on assuré, dans certaines parties de l'Allemagne.

S. POLYPHEMUS Lin.

Le *S Polyphemus* vient des États-Unis. Il n'a qu'une génération par an, et file son cocon fin juillet ou commencement d'août.

Le papillon n'éclot qu'au mois de mai ; l'insecte passe ainsi l'été, l'automne et l'hiver en chrysalide. Les chenilles éclosent huit jours après la ponte, et l'éducation dure environ quarante-cinq à cinquante jours.

Les accouplements sont très-difficiles à obtenir, et pour y arriver, on est souvent obligé d'attacher les femelles en plein air et de lâcher les mâles, qui viennent alors les féconder.

M. Guérin-Méneville, en coupant une aile aux mâles, a obtenu le même résultat, sans courir le risque de le perdre, et il a eu ainsi des accouplements en domesticité sans être obligé d'attacher la femelle.

Ce ver à soie peut se nourrir de feuilles de *saule*, de *chêne*, de *pommier*, de *hêtre*, de *coignassier*, de *tilleul.* En 1858, MM. Lucas et Vallée ont réussi à Paris une éducation de cette espèce avec des feuilles du *Quercus pedunculata* Willd. Le cocon est bon à filer. (Voir *Papil. exot.* de Cramer, t. I, pl. 5.)

S. MYLITTA Fab.

B. PAPHIA Lin.

Historique. — Ce fut en 1855 que M. Perrottet, membre honoraire de la Société impériale d'acclimatation à Pondichéry, envoya le premier des cocons de ce nouveau Saturnia ; il provient des régions chaudes de la Chine et du Bengale. Élevé en grande culture, il se nourrit de diverses espèces d'arbres tout-à-fait étrangers à l'Europe.

Ces vers sont connus au *Bengale*, au *Bahar*, dans le *Deccan* et dans l'*Assam*, sous les noms de *Boughi* ou *Gouthy*, ou *Gootie-Poka*, de

Koutkourri-Mooga, de *Koler-Poka*, *Kalissura* ; ils occupent le premier rang pour la quantité de soie contenue dans leur cocon.

Éducation. — En Chine, le papillon sort de son cocon vers le commencement de Juin ; après la fécondation, la ponte et l'éclosion des jeunes chenilles, qui s'opèrent en captivité, les Indiens les portent dans les jungles, sur des arbres disposés à cet effet et qu'ils appellent *Byer*. Les chenilles appelées en Indostan *Toussah* mettent environ un mois et demi avant de filer ; il leur faut environ 20 degrés centigrades de chaleur. Ces cocons sont fermés comme ceux du *S. Mori*, et se dévident parfaitement ; les tissus fabriqués avec cette soie peuvent être lavés sans subir la moindre altération. (Voir l'éducation au Bengale, *Bull. de la Soc. zool. d'acclimatation*, t. II, page 622.)

Les cocons envoyés en France par M. Perrotet, conservés à une température de 18 à 20 degrés, sont éclos vers le milieu d'août (1). L'accouplement eut lieu, ainsi que la ponte : les jeunes chenilles sont nées vers le commencement de septembre : elles se sont nourries de repousses de *chêne blanc* ; on pourrait encore leur donner du *chêne vert*, du *chêne d'Amérique*, du *grenadier*, de l'*abricotier*, du *coignassier*, de l'*alisier*, du *néflier*, etc. Les œufs sont d'un jaune brunâtre assez pâle, et sont entourés, sur leur plus grand diamètre, de deux bandes brunes ; l'éducation a duré envion de 56 à 76 jours.

Les chenilles ont eu quatre mues. Au sortir de l'œuf, elles avaient environ 6 millimètres et étaient d'abord orangées, avec des soies transversales. A la fin du premier âge, qui dure 10 jours, elles mesuraient une longueur de 15 millimètres, et ont passé à la couleur verte. Dans le deuxième âge, les chenilles sont vertes avec des tubercules jaune orangé ; ceux des rangées dorsales ont l'extrémité noire : les stigmates sont également noirs. A la fin de cet âge, qui dure environ 8 jours, leur longueur est de 25 à 28 millimètres. Au troisième âge, les tubercules dorsaux sont or métallique, et les latéraux lilas violacé, sauf le cinquième et le sixième qui sont dorés ; cet âge dure environ 8 jours ; le jeune ver atteint la longueur de 4 centimètres. Les chenilles conservent la même livrée au quatrième âge ; seulement elles portent au-dessus des stigmates des quatrième, cinquième et sixième anneaux, une tache argentée ; la longueur des vers est de 75 millimètres ; cet âge dure 12 jours. La durée du cinquième âge est de 18 jours ; vers le quinzième, les chenilles atteignent

---

(1) Voir la figure. *Bul. Soc. zool d'accl.*, t II, pl. 2.

leur plus grand développement : elles mesurent 12 centimètres et pèsent
28 grammes ; avant de commencer à filer, elles ne courent pas beaucoup,
se placent entre deux feuilles et mettent de 6 à 8 jours pour confectionner
leur cocon ; elles demeurent de 25 à 30 jours avant de se transformer
en chrysalide, et elles passent l'hiver et une partie du printemps en
cocon.

Pour faire l'éducation en plein air de ce nouveau *Saturnia,* il faudrait
procéder comme pour l'*Arrindia*, et porter les chenilles, deux ou trois
jours après leur naissance, sur des haies de *chêne blanc.*

Pour les accouplements, qui sont très-difficiles, il faut opérer diffé-
remment : les femelles doivent être attachées dehors et les mâles mis en
liberté. Ce moyen a été employé avec succès par M. A. Chavannes (*Bul.
de la Soc. zool. d'acclimatation*, t. IV, p. 278). Ce sériciculteur ayant
forcé l'éclosion de ses cocons, a constaté que la gatine s'était déclarée
parmi ses chenilles.

S. PERNYI Guér.–Mén.

Historique. — Cette espèce est originaire de diverses provinces des
régions froides de la Chine ; elle fut envoyée de 1850 à 1851 à Lyon par
le R. P. Perny, missionnaire français de *Sut-Chuen* (Chine).

L'éducation de ce Bombyx est très-répandue dans un grand nombre
de provinces du Céleste-Empire ; les mues sont appelées dans le pays
fain mium. L'éducation dure environ 40 à 45 jours ; il y en a plusieurs
successives ; les chenilles passent l'hiver en cocon. Pour l'éducation qui
se fait en plein air, on agit comme pour l'espèce précédente ; la soie est
de la même qualité. (Voir *Bul. Soc. zool. d'accl.*, t. V, p. 317 et T. X,
p. 600).

A l'état parfait, cette Saturnie est entièrement d'un jaune plus ou moins
fauve ou couleur de nankin ; ailes étendues, ayant chacune une tache
ocellée ronde et vitrée, dont l'iris est rose strié de blanc du côté de la
base de l'aile et jaune bordé de noir du côté externe, ou brun liseré de
rose et de jaune. Après le milieu, il y a une strie transverse presque
droite, d'un brun rosé, bordée de blanc extérieurement et très-rappro-
chée de l'œil, surtout aux ailes inférieures ; envergure de 11 à 14 cent.

Ce *Saturnia* est atteint de quelques maladies dont les Chinois ne con-
naissent pas l'origine et pour lesquelles ils n'ont pas trouvé de remède.

Éducation. — Depuis le premier envoi, il en est arrivé plusieurs
autres en France ; mais la plupart d'entre eux n'étaient pas en bon état :

en général, les cocons étaient étouffés. Dans un de ces envois quelques éclosions ayant eu lieu en juin (1), et l'accouplement ayant réussi, quelques chenilles sont écloses au mois de juillet suivant; elles étaient noires, hérissées de poils blancs, la tête marron-jaune, longues de 7 à 8 millimètres.

Malgré tous les soins qui leur furent donnés, et par suite du mauvais état dans lequel elles étaient arrivées, une seule, sur six chenilles, atteignit le dixième jour, époque où elle changea de peau ; elle devint d'une couleur vert clair, légèrement jaunâtre, avec des anneaux jaunes ornés de poils noirs ; la tête était également noire, et les pattes blanchâtres et transparentes ; elle mourut malheureusement le treizième jour.

Cette tentative d'éducation a été faite par M. Jacquemart (*Bulletin de la Société zoologique d'acclimatation*, t. IX, p. 95).

M. Jacquemart engage les éducateurs à élever d'abord les chenilles de ce ver à soie dans une chambre bien aérée, sur des branches de chêne plongeant dans l'eau, et de les déposer ensuite sur les chênes. Si on veut continuer à les élever sur des rameaux, il faut, dès que le temps ne sera pas trop rude, faire cette éducation en plein air, les tenir à l'ombre pendant la chaleur du jour, et les laisser exposés aux rosées et à toutes les intempéries de la saison. On doit changer les rameaux tous les jours.

Ces vers demandent beaucoup de soins ; car, d'après le R. P. Bertrand, les éducations, même en Chine, sont souvent très-malheureuses.

On devrait essayer les pluies artificielles.

Il serait à désirer que cette nouvelle espèce pût réussir dans le nord de la France, car elle vit parfaitement sur le chêne, et pourrait donner plusieurs éducations successives. Chaque âge a une durée de huit à dix jours.

Les cocons sont bons à dévider.

MÉTIS des *Saturnia Cecropia* ♂ et *Pernyi* ♀.

M. Guérin-Méneville a obtenu un accouplement entre un ♂ de *S. Cecropia* et une ♀ *S. Pernyi*. Je n'ai pas pu savoir le résultat de cette union, et si les œufs avaient été fécondés.

----

(1) Voir la figure *Bull. Soc. zool. d'accl.*, t. II, pl. 2.

S. YA-MA-MAÏ Guér.-Mén.

Historique. — M. Duchesne de Bellecourt, consul général de France à Yeddo (Japon), envoya le premier, en 1861, à la Société impériale d'acclimatation de Paris, quelques graines de ver à soie du S. *Ya-ma-maï* textuellement (*Ya-ma-mayn no musi*, ou chenille du cocon sauvage).

Ces œufs furent confiés à M. Vallée, du Jardin-des-Plantes. Après quelques tâtonnements, et après en avoir perdu un certain nombre, on s'aperçut que ces chenilles mangeaient fort bien le chêne ; au cinquième âge, elles périrent toutes de la même maladie, sauf cinq qui survécurent, mais firent des cocons imparfaits, d'où il ne sortit aucun papillon. Quelques œufs avaient été remis à M. Guérin-Méneville, une chenille parvint à faire son cocon, d'où sortit un papillon.

Après de grandes difficultés pour se les procurer, car l'exportation est défendue sous peine de mort, un second envoi fut fait, en 1863, par M. Pompe Van Meerderwoort, officier médical dans la marine royale néerlandaise, directeur de l'École impériale de médecine de Nangasaki. Grâce à lui, la France a acquis cette remarquable espèce, dont l'Encyclopédie japonaise parle en ces termes :

« Il existe, au sud du Japon, une île nommée *Fatsi-Syaô*, qui sert » de lieu d'exil. Il y a dans cette île des cocons sauvages qu'on nomme » *Ya ma-mayou*, ou cocon de montagne, dont on fait une sorte d'é- » toffe extrêmement forte, qui ne change jamais de couleur, mais que » l'on ne peut pas teindre ; c'est la soierie connue sous le nom de *Fatsi-* » *syaô-kinou*, qui fait partie des revenus du gouvernement et n'entre pas » dans le commerce. Elle est considérée comme une étoffe très-rare, dont » on fait des contrefaçons à Miyako. Aux îles de Lieou-Kieou, on fabri- » que également des soieries rayées fort belles, qui approchent beaucoup » du Fatsi-syaô-Kinou, et sont de même peu connues. »

Les œufs du S. *Ya-ma-maï* envoyés par M. Pompe-Van-Meerderwoort venaient de la province d'Elizen ou Jelizen, située à-peu-près au centre de la grande île Niphon.

Il n'y a que deux provinces, dans l'empire du Japon, où ces vers sauvages soient cultivés, savoir : Elizen et Higo ou vigo, sur l'île de Kin-Sin. Dans cette dernière province, cette culture ne date que de trois ans.

D'après une traduction de M. le Dr Hoffmann (voir *Bull. de la Société zoologique d'acclimatation*, t. XI, p. 523 et 592), ces chenilles sont nourries spécialement avec les feuilles des arbres suivants, appartenant à la famille des chênes: ces espèces poussent le plus tôt et ont les feuilles les plus tendres :

1° *Sira-kasi* ou *Siro-kasi,* le chêne blanc (*Quercus siro-kasi* Siebold); en chinois, *Mien-tschu* (prononciation japonaise *Men-siyo*). C'est le chêne farineux ;

2° *Kunu-gi* ou *Fotoi-maki* (*Quercus dentata* Thumberg d'après Siebold); en chinois, *Hié* (prononciation japonaise *Beki*). Son fruit se nomme *douguri* au Japon ;

3° *Kasi-va*, vulgairement *Favaso* ou *Havaso* (*Quercus serrata* Thumberg); en chinois , *Hû* (prononciation japonaise , *Kok*);

4° *Mitou nava ;*

5° *Nava-no-ki*, vulgairement *Ko-nara* (*Quercus serrata* Thumberg).

M. Van-Meerderwoort envoya en même temps la traduction d'une note remise par l'un des chefs sériciculteurs du prince de Higo , ou de renseignements verbaux fournis par le même chef sériciculteur, dont voici un extrait :

L'éclosion des œufs du S. *Ya-ma maï* correspond , au Japon , à la reprise de la végétation du chêne. Tout le genre *Quercus* est bon ; mais les feuilles les plus tendres et les plus succulentes sont les meilleures, et les espèces de cette essence étant fort nombreuses il s'ensuit que l'éclosion varie suivant les climats. On peut la retarder d'une façon notable en soustrayant, aussi complètement que possible , les œufs à la chaleur et au mouvement , et en ne leur laissant que la quantité d'air strictement indispensable. C'est pour cela que les Japonais les mettent dans des pots de terre ou de porcelaine, qu'ils enfouissent dans la terre à une profondeur suffisante pour que la gelée ne puisse pas les atteindre (le plus grand froid, dans l'île de Kin-Sin, ne dépasse pas — 8 à 9° centig.

L'éducation est pratiquée ainsi dans la principauté d'Elizen : après avoir placé , dans une chambre, la quantité de cocons que l'on juge à propos (on reconnaît facilement les mâles des femelles d'après leur dimension), on en ferme les ouvertures avec des filets; on a eu soin de placer sur le plancher une natte très-fine ou une toile, pour éviter la perte des œufs , car ce papillon , qui est très-grand et a les ailes très-fortes, ne fixe pas ses œufs comme le Bombyx du mûrier : il les pond même en volant.

La connaissance de ces œufs ou *Ya-ma-mayn-tan* (semences des cocons sauvages) est de la plus haute importance Les bons œufs se distinguent

1° par la nuance, les *gris clair* sont les meilleurs ; les *gris foncé* sont moyens ; les *blancs* sont mauvais ;

2° En ouvrant les œufs trente jours après la ponte, on trouve le ver formé.

Les meilleurs sont *lourds*, *ronds* et *gris clair*.

Pendant la durée de la vie du papillon, on ne doit pas entrer dans la chambre ; dès qu'elle est terminée, on recueille avec beaucoup de soin tous les œufs qui y sont dispersés. La récolte faite, on les met dans des vases que l'on enterre, comme nous l'avons dit précédemment ; on n'a plus alors qu'à attendre le printemps.

Conservés ainsi, les œufs commencent à se développer, au Japon, vers le mois d'avril.

Vers le temps que les chênes poussent de jeunes feuilles et qu'on peut calculer qu'il y en aura assez pour la nourriture des vers, on exhume les œufs et on les met dans une boîte ouverte, exposée à l'air. Les jeunes vers viennent très-vite, quelquefois le même jour ; on doit alors leur donner quelques feuilles jeunes et succulentes. Il est d'une nécessité absolue qu'on leur donne abondance de nourriture dès qu'ils naissent, et même qu'ils aient toujours quelques feuilles jeunes en réserve, car ils veulent choisir leur nourriture.

Éducation. — L'éducation du Ya-ma-maï est faite de deux façons différentes : 1° en liberté (*nogai date* ou culture des champs), 2° dans la chambre (*oke-kai-date* sur branches en baquets, *doma-kai-date* sur branches en terre).

Quant au développement des vers à soie à l'état exactement sauvage, il ne peut en être question ici, puisque dans ce cas l'homme n'a aucune action sur lui.

1° *En liberté.* — Dès que les premières feuilles du chêne commencent à poindre, on prend des planchettes de bois extrêmement minces ; on les enduit, d'un côté, d'une légère couche d'eau et d'amidon, et sur cette colle on place les œufs ; puis on transporte ces planchettes sur les chênes, sur les branches desquels on les fixe à proximité des rameaux de feuilles. Au bout de quelques jours, les chenilles sont développées, et, suivant l'arbre dans sa croissance, elles abandonnent successivement les feuilles anciennes pour les nouvelles.

Une dizaine de jours après le développement, les vers cessent de prendre de la nourriture pendant trois ou quatre jours ; c'est ce que l'on appelle *premier repos :* après cela, ils muent et recommencent à manger.

Ce repos se répète encore trois fois avec des intervalles assez réguliers d'environ dix jours.

Soixante jours après la naissance, les chenilles deviennent transparentes et ne mangent plus; c'est alors qu'elles commencent à faire leur cocon (au Japon, au commencement de juin). Elles arrivent ainsi au moment de leur sommeil et à la fin de la végétation du chêne.

Les cocons sont alors nécessairement suspendus à l'extrémité de toutes les branches, et l'arbre ressemble à un prunier chargé de ses fruits. Trente-cinq à trente-six jours après, les chenilles se transforment en papillon (environ vers le 10 juillet).

Au temps de la transformation en papillons, on doit être très-attentif à les saisir tout de suite, avant qu'ils aient le temps de s'envoler, ce qui arrive assez souvent, et pour les mettre en chambre afin de recueillir les œufs.

Cette éducation serait de beaucoup préférée à l'autre par les sériciculteurs japonais, en ce que les cocons qui en proviennent sont plus grands et plus lourds (les cocons ont aussi une couleur vert clair qui diffère de celle des cocons élevés en chambre, laquelle est jaunâtre), si elle n'avait pas quelques inconvénients très-graves.

Ainsi, les oiseaux, les souris, les rats et une grande quantité d'insectes font quelquefois de très-grands ravages parmi les vers en plein air; ensuite la récolte des cocons sur les chênes, qui sont tous plus ou moins grands, est très-difficile. Cependant ces inconvénients ne sont pas inévitables. A Elizen, il y a des éducateurs qui se sont créé des plantations de chêne, qu'ils tiennent très-petits et qu'ils couvrent de filets. Dans d'autres endroits, ils construisent un toit d'écorce d'arbre, afin de pouvoir mieux les garder et les protéger contre leurs ennemis.

2° *Dans la chambre* (1). — D'après cette méthode, il est nécessaire d'avoir dans la chambre des chênes en baquets (oke) que l'on tient constamment pleins d'eau pendant toute la durée de l'éducation, et exactement recouverts d'une planchette, de peur que les vers que l'on placera ensuite sur l'arbre, venant à tomber, ne se noient. (Quelques personnes se sont avisées de remplacer ces plants de chênes par des rameaux qu'elles renouvelaient de temps en temps, et cet essai a très-bien réussi.)

Dès que les chenilles sont écloses, on leur présente quelques feuilles

---

(1) *Bul. Soc. zool. d'accl.*, t. XI, p. 526.

tendres de chêne, sur lesquelles elles ne tardent pas à monter ; puis on transporte les feuilles sur les chênes.

Les soins à donner à l'éducation se bornent alors à recueillir les vers qui pourraient être tombés de l'arbre et les y replacer, et à entretenir l'eau fraîche dans les vases.

Les vers commencent à filer au bout de cinquante jours. La confection du cocon demande environ huit jours. Huit autres jours après, commence le travail de transformation en papillons.

Quinze jours après la formation des cocons, on les dépose dans des corbeilles plates. Dix jours environ après, a lieu l'éclosion des papillons que l'on place dans des paniers destinés à l'accouplement.

On met environ cent papillons mâles et femelles dans chacun de ces paniers (*Theokago*). Quatre jours après, on les ouvre, les mâles s'envolent et les femelles restent, et déposent les œufs contre les parois des paniers qu'on a refermés

Dix jours après, tous les papillons sont morts.

Les œufs doivent être mis dans des paniers ouverts, et placés dans des endroits frais et aérés.

On laisse généralement hiverner les œufs en plein air, et en quelque sorte exposés à la neige et à la pluie.

On expose les cocons que l'on désire dévider, aux effets de la vapeur, pour tuer la chrysalide.

On place les cocons dans le *sei-roo* (armoire à vapeur), mêlés avec les feuilles fraîches. Lorsque l'eau bout, on y place l'étuve ; on transporte ensuite les cocons à l'ombre et en plein air pour les faire sécher (1).

La soie de ces vers sauvages est très-estimée au Japon, et encore très-peu connue en Europe. Elle est forte et ne prend pas de couleur, du moins les Japonais le croient-ils ; c'est pour cette raison qu'elle est employée pour les parties blanches dans les crêpes de soie japonais, si recherchés en Europe.

Le prix de la soie des vers sauvages monte au Japon de 800 à 900 dollars mexicains le picul ; ce qui équivaut à-peu-près de 4,500 à 5,000 fr. Le picul égale 133 livres anglaises ou 60 kilog. 249 grammes

Education en France. — Comme je l'ai dit précédemment, le premier envoi de graines de Ya-ma-maï n'avait pas réussi ; le second envoi, fait par M. Pompe-Van-Meerderwoort, parvint à la Société impériale zoolo-

---

(1) Voir le dévidage *Bul. Soc. zool. d'accl.*, t. XI. p. 597

gique d'acclimatation vers la fin de janvier 1863, et fut confié à M. Guérin Méneville, qui, ayant ouvert quelques œufs, trouva qu'ils contenaient une chenille complètement développée et vivante. Cette découverte lui fit présumer que les éclosions étaient très-prochaines, et il força des chênes sous châssis, afin d'avoir des feuilles le plus tôt possible. Ces œufs furent expédiés par ses soins, au nom de la Société, à divers expérimentateurs, vers la fin de février.

Cependant, les éclosions n'étaient pas aussi prochaines qu'on avait pu le croire : les premières avaient lieu à Barcelonne, chez M. Sacc, le 7 mars; et les dernières, dans le département d'Indre-et-Loire, chez M. Rouillé-Courbe, le 10 mai.

Le *Saturnia ya-ma-maï* est jusqu'ici le seul du genre qui passe l'hiver à l'état d'œuf. M. le Dr A. Chavannes (de Lausanne) a découvert que cet œuf contient, à l'automne, un mois après la fécondation, la petite chenille toute développée, demeurant tout l'hiver à l'abri dans sa coque. (Le développement de l'embryon dans les œufs de lépidoptères qui passent l'hiver n'a lieu qu'au printemps.)

Aussi est-il plus nécessaire pour ces œufs que pour d'autres :

1° De les conserver en couches minces dans des vases très-grands, ou dans des vases dont l'air se renouvelle facilement;

2° De les placer dans un lieu très-sec où la gelée ne se fasse pas sentir, et dont la température soit de 6 à 10° centigrades ;

3° De les soumettre, lorsque l'on veut les faire éclore, à une température progressivement croissante, et d'éviter de les exposer à de brusques variations atmosphériques.

Voici le résumé des éducations faites en France :

Les éducations précoces ont été accompagnées de pertes considérables au début, et parfois de maladies mortelles dans les âges avancés ; d'après les essais faits jusqu'à ce jour, on pourrait conclure que l'époque la plus convenable pour l'éclosion est la deuxième quinzaine d'avril.

En conservant les œufs à une température de 6 à 10° centigrades, on pourra retarder les éclosions jusqu'au moment où les feuilles de chêne se développeront.

Cependant, il est prudent que les éducateurs préparent, en les échelonnant, des chênes forcés de manière à avoir des feuilles toujours jeunes.

Dans le but de faciliter les éclosions, on place les œufs dans une atmosphère humide, et on augmente progressivement, et en plusieurs jours, la température de 6 à 10° à laquelle on les conserve, à celle de 16 à 20°

La nourriture a été présentée aux jeunes vers dans des conditions bien différentes : plusieurs ont donné des rameaux détachés du chêne et plongés dans l'eau, renouvelés suivant les éducateurs ; la condition essentielle, c'est que les feuilles soient toujours très-fraîches et l'eau jamais corrompue.

Les autres, après avoir élevé les jeunes vers comme les précédents, jusqu'au deuxième ou troisième âge, les ont placés ensuite sur des chênes en pleine terre.

D'autres enfin, ont déposé les vers nouvellement éclos sur les arbres en plein air.

Plusieurs variétés de chênes ont été employées pour la nourriture de ce Saturnia : *Quercus pedunculata*, *Q. sessiliflora*, *Q. Robur*, *Q. Tozza*, *Q. Ilex*, *Q. Suber*.

On a également réussi à les nourrir avec le coignassier (*Pyrus Cydonia* L.), l'alizier (*Sorbus Aria* L.) et le néflier (*Mespilus germanica* L.).

Dans une éducation faite par moi avec le concours de M. J. Lambertie, cette chenille a parfaitement réussi et est devenue fort belle en se nourrissant de glicérine de Chine (*Kennedia sinensis*).

Les éducations faites en chambre ont donné des résultats très-bons. D'après divers essais, le Ya ma maï peut impunément supporter des variations de température.

Les éducations faites en plain air ont aussi donné d'excellents résultats ; quoique de brusques changements de température aient eu lieu, la santé des vers n'en a pas souffert.

Le plus grand ennemi de ce nouveau ver à soie est une trop grande chaleur. Pour la combattre, on aura soin de mouiller les feuilles des rameaux au moyen d'un arrosoir, d'après les recommandations de M. G. Méneville.

La durée des divers âges, suivant les éducateurs, a varié considérablement ; ainsi le premier âge varie de neuf à dix-neuf jours ; la moyenne serait de treize jours.

A la sortie de l'œuf, le jeune ver est couvert de poils épineux, et est d'abord d'une couleur jaunâtre livide et pâle ; les couleurs qui le caractérisent ne se montrent qu'au bout de quelques minutes. Peu de temps après sa sortie de l'œuf, la chenille est jaune doré ; la tête, le premier segment et les pattes écailleuses couleur d'acajou, sans taches ; les segments, du deuxième au onzième, sont parcourus par cinq lignes longitudinales noires et une ligne brune située au-dessous des tubercules latéraux et intérieurs; à l'approche de la mue, la chenille a presque doublé de volume.

La durée du second âge, qui est de sept à dix-sept jours, fait une moyenne d'environ dix jours : la chenille est alors vert tendre, un peu jaune en-dessous, avec une ligne longitudinale jaunâtre de chaque côté ; ses tubercules sont tout jaunes.

La moyenne serait, pour le troisième âge, de onze à douze jours ; la couleur de la chenille d'un beau vert frais, avec une ligne longitudinale jaune de chaque côté.

Le quatrième âge est de quatorze à vingt-deux jours ; la durée moyenne est, par conséquent, de dix-huit jours ; la couleur est d'un beau vert transparent dans certains endroits ; ses premiers segments mieux marqués, ce qui lui donne un aspect bossu ; on voit distinctement, de chaque côté des cinquième et sixième segments, une belle tache argentée située immédiatement au-dessous de chaque segment.

Le cinquième âge dure, terme moyen, dix-sept jours. Dans cet intervalle la chenille grossit considérablement, et elle atteint 85 millimètres de longueur, elle ressemble à l'âge précédent.

La durée de la vie de la chenille du S. *Ya-ma-maï* serait, d'après ces données, de soixante-quatre à soixante-sept jours.

Les éducations en chambre durent environ cinquante-cinq jours ; celles en plein air soixante-dix-jours.

Selon M. Chavannes, c'est environ dix jours après que la chenille a commencé son cocon qu'elle devient chrysalide. Ses téguments sont alors très-délicats, et il faut éviter, dans ce moment, d'exposer les cocons a des chocs, et s'abstenir de les faire voyager.

Le cocon ressemble à celui du mûrier, de forme ovalaire allongée ; il n'offre pas cependant l'étranglement qu'on remarque souvent sur celui-ci. Il est composé d'une belle soie d'un blanc argenté dans ses couches, et d'un vert plus ou moins vif extérieurement. Il est régulier et à surface lisse sans bourre ; la soie, bien travaillée, sera aussi belle que celle des cocons ordinaires.

Le poids des cocons mâles est moindre que celui des femelles ; l'auteur que je viens de citer a reconnu qu'un *beau cocon femelle* pesait, avec sa chrysalide, 8 grammes La partie soyeuse d'un cocon pèse, en moyenne, 0ᵍ 70ᶜ ; il faudrait donc 1,400 cocons vides pour représenter 1 kilog.

L'époque des éclosions des papillons varie beaucoup; ainsi, les cocons soumis à température égale éclosent à des époques différentes, selon les circonstances qui ont précédé leur formation. L'éclosion s'accélère ou se retarde à volonté (dans de certaines limites), suivant le degré de température; on peut, de cette manière, retarder l'éclosion des mâles pour les avoir en même temps que les femelles.

C'est vers la fin du jour qu'éclosent ordinairement les papillons.

Les cocons, placés dans une cage de canevas et déposés dans une pièce dont la température est de 20 à 30° degrés, ne tardent pas à éclore; le papillon, en sortant, s'attache au cocon. On les transporte alors dans la chambre de mariage placée sous un hangar où l'air circule librement; on enlève de cette chambre les femelles fécondées, pour les transporter dans une cage de ponte.

D'après M. Frérot, les mâles ne s'accoupleraient jamais pendant la première nuit. Les accouplements se font ordinairement de onze heures du soir à une heure du matin; ils durent environ deux heures, et cessent, sans exception, avant l'aube. Un mâle peut féconder deux femelles, peut-être plus.

D'après M. Chavannes, la vie des papillons est très-courte; elle est pour les mâles, de cinq à six jours, et de huit jours et plus pour les femelles.

Quand les mâles et les femelles n'éclosent pas simultanément, on peut prolonger la vie des mâles en les mettant séparément dans un endroit obscur, à une température fraîche de 12° centigrades; on peut ainsi retarder la ponte des femelles d'un jour ou deux.

La femelle commence à pondre seulement la troisième ou quatrième nuit; la ponte s'achève à la huitième.

D'après M. Baumgartner, « les femelles fécondées voltigent vivement, » déposent quelques œufs sur la toile, puis voltigent de nouveau pour » revenir faire une nouvelle ponte, et continuent ainsi jusqu'à la fin. »

Les femelles non fécondées sont à-peu-près immobiles.

Les femelles pondent environ 200 œufs, qui pèsent environ 1ᵉʳ 40.

Selon M. Chavannes, « les œufs blancs, qui sont les derniers pondus, » sont aussi bien fécondés que les œufs bruns. Mais tous les œufs qui » présentent une dépression plus ou moins sensible ne sont pas fécondés; » tous ceux qui n'offrent aucune dépression sont fécondés. Cet examen » ne doit se faire qu'un mois au moins après la ponte, parce que, vers » le quinzième jour, les œufs fécondés présentent une très-légère dépres- » sion qui s'efface plus tard. »

Maladies. — Voici les principales maladies signalées, par le Bulletin de la Société impériale zoologique d'acclimatation, dans les éducations qui ont été tentées en France.

Dans le département de Loir-et-Cher, M. de Morgan a perdu, à partir du troisième âge et du 26 Juin, une douzaine de vers, 25 °/₀ des éclosions. Il décrit ainsi la maladie :

« Le ver prend une teinte blanchâtre, tombe dans une sorte de som-
» meil, rend une matière noire et gluante par l'anus, ne mange plus,
» dépérit et meurt en quelques jours. Le tube intestinal examiné avec
« soin présente une obstruction de 5 à 6 millimètres. Les matières s'y
» sont accumulées et endurcies. »

Cette éducation a été tardive; les rameaux du chêne étaient-ils renouvelés assez souvent ? Ne serait ce pas la cause de cette mortalité ?

M. Auzende, à Toulon, avait commencé en Avril une éducation considérable de cinq cents vers, qui se faisait sur des rameaux de chêne pédonculé, dans une orangerie. Les panneaux étaient constamment ouverts, on les fermait le soir quand le temps était froid. Après avoir eu quelques pertes à l'époque des mues, on vit tout-à-coup une terrible épidémie se declarer le 1ᵉʳ juin et frapper les plus gros vers.

« Elle se manifeste, dit M. Auzende, par des points noirs sur les
» pattes et sous le ventre, qui augmentent à tel point, qu'en quatre
» jours le corps devient tout noir. Pendant ces quatre jours, le ver con-
» tinue à manger ; mais ses excréments deviennent liquides, et la mort
» vient bientôt le frapper. J'ai cru remarquer à la loupe une espèce de
» charbon, et, en frottant avec un pinceau, il s'élevait une espèce de
» poussière. La décoction de feuilles de Nérium (Laurier-Rose) et la
» fleur de soufre n'ont produit aucun effet, et j'ai pris le parti de mettre
» à part les vers dès que la maladie apparaissait. »

On est porté à attribuer cette maladie à une trop grande chaleur. Cependant M. Bonnard, de Marseille, étant dans le même moment dans les mêmes conditions, a parfaitement réussi.

Il est vrai de dire que M. Bonnard renouvelait ses feuilles souvent et arrosait ses vers, tandis que M. Auzende ne changeait les feuilles que lorsqu'elles étaient dures et fanées, c'est-à-dire tous les quatre jours, et n'a pas eu recours aux arrosages.

Enfin cette maladie n'est autre que la *pébrine*, qui se déclarait en même temps sur l'éducation entreprise au jardin d'acclimatation de Paris et qui a déjà fait de si grands ravages sur les éducations des vers à soie, du mûrier.

Voici ce qu'en dit M. P. Pinçon , chargé de la direction de la magnanerie :

« Les vers, dont l'éducation avait admirablement marché jusqu'au
» réveil de la troisième mue, ont eu, à partir de cette époque, les deux
» anneaux à côté de la tête atteints d'hydropisie. Leur couleur, qui, à
» la troisième mue, était d'un beau vert vif, est devenue peu-à-peu d'un
» vert jaunâtre très-pâle ; leur peau s'est amollie et n'a pas tardé à se
» marquer de tâches roussâtres, d'abord presque imperceptibles, qui,
» en se multipliant et en s'élargissant, l'ont entièrement envahie et ont
» détruit tous les vers.

» L'éducation a été faite de deux manières : en plein air et dans la
» magnanerie ; les résultats ont été les mêmes. »

Voici les signes de la *pébrine* :

Quelques points roussâtres imperceptibles se manifestent le long des stigmates ; ils s'élargissent, se multiplient et foncent de couleur.

C'est là la première période de la maladie, qui durera environ deux jours ; pendant ce temps, l'animal continue à manger, mais avec mollesse.

Les taches continuent à s'étendre, passent au brun et envahissent un anneau, et successivement la totalité du ver qui se racornit. Il cesse de manger et meurt du quatrième au cinquième jour.

Dès la fin de la première période, les déjections sont changées. Au lieu de crottins noirs et durs, il ne rend plus qu'une matière sans forme, presque liquide, collante, d'une couleur roussâtre presque sanguinolente.

M. Gross, de Zurich, a fait une observation intéressante sur les graves inconvénients de la fumée du tabac et le danger de fumer dans l'endroit où sont renfermés les vers du Ya-ma-maï.

S. CECROPIA Lin.

Feu Audouin, professeur d'entomologie au Muséum, reçut de la Nouvelle-Orléans (États-Unis), pendant l'hiver de 1840, quelques cocons de cette espèce. Les papillons sont éclos en mai. L'accouplement eut lieu ; les femelles pondirent et les vers ne tardèrent pas à naître. On ne connaissait pas la nourriture de ces chenilles, mais on s'aperçut bientôt qu'elles pouvaient se nourrir d'un très-grand nombre de plantes, telles que : peuplier, chêne, aubépine, cerisier, abricotier, orme, groseiller, prunier, etc. Cependant la nourriture qu'elles paraissent préférer serait la feuille de saule (*Salix alba*).

Le *S. Cecropia* qui pourra facilement s'acclimater en France, est très-commun dans les bois de la Louisiane, de la Géorgie et de la Caroline du Sud. Il accomplit ses évolutions en sept semaines, tisse son cocon en septembre et passe l'hiver en chrysalide. Il n'a par conséquent qu'une génération par an.

Le cocon est long de forme, pointu des deux bouts, et d'un dévidage facile et avantageux. (Voir *Papil. exot.* de Cramer, t. I, pl. 42.)

En 1759, le R. P. Pullem a publié des observations sur le *S. Cecropia,* dans les *Philosophical transactions* de la Société royale de Londres.

En 1767, M. Moses Bartram, de Philadelphie en a élevé en les tenant enfermés.

(Voir les métis obtenus avec le *S. Pernyi,* page 29.)

Cette espèce a été introduite dans la Gironde en 1842 par M. J. Lambertie. Son éducation a parfaitement réussi et a donné un grand nombre de cocons.

S. PROMETHEUS Drury.

Cette Saturnie, originaire des mêmes pays que la précédente, a été élevée par M. Vallée avec des feuilles de *Diospyros virginiana* L. Il a parfaitement réussi cette éducation.

M. Hardy l'a également élevée à Alger. (Voir *Papil. exot.* de Cramer, t. I, pl. 75.)

S. ATLAS Lin.

D'après M. Chavannes, cette Saturnie, qui vient de Chine, serait la même que le ver à soie du *Fagara,* celui qui fournit la plus belle soie avec laquelle on fabrique le *Siao-Kien,* la même que *Jelhetica* du docteur Helfer; son *habitat* s'étend depuis les Moluques jusque dans l'Inde.

Son cocon est un des plus riches en soie et dépasse, par sa grosseur, tous ceux qui sont connus; la soie est gris de lin et très-forte; la chenille est vert-bleuâtre, avec des poils courts et noirs.

Son acclimatation serait très-importante, car son cocon peut produire une grande quantité de soie. (Voir *Papil. exot.* de Cramer, t. I, pl. 9.)

S. AUROTA Fab.

Ce ver à soie, originaire du Brésil, est très-commun aux environs de Rio.

M. Chavannes a fait un travail en 1844 sur cette espèce, dans le *Journal de la Société vaudoise d'utilité publique.*

Le cocon de l'*Aurota* est très-riche en soie, puisqu'il en contient 1 gr. 20 centigr. La couleur est gris de lin, presque blanc. La nourriture de la chenille est le *Ricin*, le *Jatropa Manihot* et l'*Anda Gomesii*, *Andou-su* ou *Anda Jassou* dans le langage du pays. On pourrait donc, au moyen du ricin, acclimater parfaitement cette espèce. (Voir *Papil. exot.* de Cramer, t. I, pl. 8.)

S. ÆTHRA Bdv.

Comme le précédent, il est originaire du Brésil, commun à Bahia et à Cayenne, mais plus rare à Rio.

Il n'a pas encore été élevé en Europe.

La chenille est rouge-orange avec les incisions des anneaux et des tubercules d'un noir velouté.

Le cocon ressemble à celui de l'*Aurota*; la soie en est plus brune. D'après M. Chavannes, elle serait très-bonne.

S. HESPERUS Lin.

Les cocons de cette Saturnie furent envoyés à la Société d'acclimatation par M. Michely, propriétaire à Cayenne, en 1860.

Voici les renseignements que ce zélé sériciculteur avait joints à son envoi :

La chenille se nourrit des feuilles du *Casearia ramiflora* Valh (*Iroucana guyanensis* Aubl.), appelé aussi dans le pays *café du diable.* Elle change de couleur à chaque mue et devient successivement jaune, brun foncé, rose vif, bleu de ciel ; chaque segment est orné d'une bande noire veloutée, dans laquelle sont encadrés des tubercules rouges surmontés d'une touffe de soies noires et aiguës. Elle vit de quinze à vingt jours. (Voir *Papil. exot.* de Cramer, t. I, pl. 68.)

En sortant du cocon, le papillon n'en brise point la soie ; il a une ouverture ménagée par la chenille. Un jour après, a lieu l'accouplement toujours avant le lever du soleil.

Tous les œufs éclosent sept jours après la ponte. M. Michely a reconnu que cette chenille se nourrit des feuilles de l'ailante et qu'elle se développe parfaitement sur cette plante. Cette découverte est d'une grande importance pour l'introduction de cette espèce en France.

Le changement de nourriture n'opère ni sur la qualité ni sur la couleur de la soie. La chenille devient verdâtre, teinté de bleu ; les six tubercules de chaque segment sont d'un rouge beaucoup plus vif, et la grande bande noire passe au blanc pur.

Pour les faire éclore en captivité, il faut les mettre sur de la mousse humide, à une température de 30° centig. au soleil.

Malheureusement tous les cocons envoyés en France sont éclos à des époques où toute végétation est arrêtée.

Ces cocons peuvent parfaitement se dévider, et l'on peut voir les moyens à employer dans le *Bulletin de la Société impériale zoologique d'acclimatation*, t. VII, p. 562.

S. CYNTHIA Drury.

Historique. — Vers l'année 1740, le R. P. d'Incarville signala dans les travaux des missionnaires un nouveau ver à soie très-répandu en Chine.

En 1773, ce ver à soie a reçu de l'entomologiste anglais Drury le nom de *Bombyx Cynthia.*

Il fut définitivement introduit en Europe par le R. P. Fantoni, missionnaire piémontais dans la province de *Han-Tung*, qui, en 1856, envoya à Turin quelques cocons vivants.

C'est aux soins de M. Guérin-Méneville que nous devons l'introduction de cette espèce en France, dans le cours de l'année 1858.

Les Chinois cultivent, pour l'éducation en plein air de cette espèce de ver, un arbre nommé par eux *Tché*, que le R. P. d'Incarville avait pris pour une variété de frêne, et qui n'est autre qu'un ailante (1).

On lit, à ce sujet, dans une brochure in-8°, intitulée : *Extrait d'un ancien livre chinois qui enseigne la manière d'élever et de nourrir les vers à soie, pour l'avoir et meilleure et plus abondante :*

« Il y a d'autres mûriers sauvages qu'on nomme *Tché* ou *Ye-Sang*. Ce sont de petits arbres qui n'ont ni la feuille ni le fruit du mûrier. Leurs feuilles sont petites, âpres au toucher, de figure ronde, et se terminent en pointe. Elles ont dans le contour des portions de cercle rentrant. Le fruit du *Tché* ressemble au poivre ; il en sort un au pied de

---

(1) Extrait du journal du R. P. d'Incarville. Voir *Bulletin de la Soc. zool. d'accl.,* t. Ier, p. 109.

chaque feuille. Les branches épineuses et épaisses, viennent naturellement en forme de buisson. Ces arbres veulent être sur des côteaux et y
former une espèce de forêt.

» Il y a des vers à soie qui ne sont pas plutôt éclos dans la maison,
qu'on les porte sur ces arbres, où ils se nourrissent et font leurs coques.
Ces vers campagnards, moins délicats, deviennent plus gros et plus
longs que les vers domestiques, et, quoique leur travail n'égale pas
celui de ces derniers, il a pourtant son prix et son utilité, comme on peut
en juger par ce que j'ai dit de l'étoffe nommée *Kient-cheou*. C'est de la
soie produite par ces vers qu'on fait les cordes des instruments de mu-
sique, parce qu'elle est forte et résonnante.

» Au reste, il ne faut pas croire que ces arbres *Tché* ou mûriers
sauvages ne demandent aucun soin. Il faut ménager, dans ces petites
forêts, quantité de sentiers en forme d'allées, afin de pouvoir arracher
les mauvaises herbes qui croissent sous les arbres. Ces herbes sont nuisibles en ce qu'elles cachent des insectes et surtout des serpents qui
sont friands de ces gros vers. Ces sentiers sont encore nécessaires afin
que les gardes parcourent sans cesse le bois, ayant le jour une perche
à la main ou un fusil pour écarter les oiseaux ennemis de ces vers, la
nuit un large bassin de cuivre pour éloigner les oiseaux nocturnes. On
doit prendre cette précaution chaque jour, jusqu'au temps où l'on recueille les coques travaillées par les vers. »

D'après ce passage, on peut voir que le *S. Cynthia* est beaucoup plus
rustique que le *S. Mori*, car, dès leur naissance, on peut les mettre
en liberté sur les arbres.

De là trois avantages :

1° Inutilité de bâtiments propres à l'éducation ;

2° Diminution de main-d'œuvre, le personnel se trouvant considérablement réduit, puisqu'il ne faut plus ramasser la nourriture, soigner
les vers et tenir les bâtiments en état ;

3° Les maladies sont presque nulles, car les animaux en liberté sont
moins sujets à en être atteints.

Quelques personnes qui entendent parler de ces éducations en plein
air, opposent à leur réussite les dégàts que peuvent occasionner les
oiseaux.

Devant les expériences faites jusqu'à ce jour, ces craintes disparaissent
complètement. En effet, dans une grande éducation, si les oiseaux ou
les fourmis enlèvent un certain nombre de vers, si les ichneumons ou

les mouches en font périr après la formation du cocon , cela importe fort peu, car la perte est insignifiante ; il en reste toujours en assez grand nombre pour donner une abondante récolte.

Il arrive, dans ce cas, ce qu'on observe dans nos champs, nos vignobles, etc., sur lesquels une grande quantité d'oiseaux s'abattent, qui sont également attaqués par des myriades d'insectes , et qui néanmoins donnent de très-bons résultats.

Il ne faudrait pas que les personnes qui voudraient se rendre compte de ce genre de culture fissent un essai sur quelques centaines de vers seulement , dans un jardin, surtout près d'une ville ; car, dans ce cas , les pertes occasionnées par les oiseaux et les insectes pourraient être tellement considérables que l'on conclurait volontiers à l'impossibilité de ce mode d'élevage.

Du reste , on arriverait aux mêmes conclusions si l'on faisait de semblables essais pour les céréales.

Ces observations à ce sujet sont confirmées par celles d'un éducateur autrichien , M. de Ritter, qui écrivait , le 18 Février 1862, à M. Guérin-Méneville :

« Sur les graines élevées en liberté , je ne perdis environ que 20 p. %; mais , sur un arbre isolé , cette perte se réduisit à 2 p. %, malgré la masse d'oiseaux qui s'y tenaient , et malgré un ouragan accompagné de grêle et les pluies froides du mois de Juillet, suivies d'une chaleur tropicale. »

Je termine cet article par trois citations concernant la qualité de la soie.

Le P. d'Incarville disait, en parlant de la soie produite par les vers du vernis du Japon :

« La soie qu'ils donnent est d'un gris de lin , *dure le double* de l'autre au moins, et ne se tache pas si aisément..... Les étoffes qu'on en fait se lavent comme le linge.........

» ..... Si l'on se met en France à élever des vers sauvages , l'industrie Française trouvera bientôt tout ce qui est propre à faire tirer un excellent parti de leur travail. »

Le 22 avril 1860, M. le D' Sacc écrivait à M. Guérin-Méneville :

« ..... Mon entière conviction est que tout ce qui existe en ce moment ne peut servir de base à vos calculs, parce que la soie de l'ailante devant remplacer avec avantage la soie du mûrier (bourre), la laine, et même, dans certains cas, le coton , nul ne peut dire quelle en sera la consommation, qui sera, soyez-en sûr, immense, incroyable. Avec votre soie, nous ferons non plus seulement du foulard et du damas, mais du velours et des draps fins ; peut-être aussi des tissus légers et bons pour l'impression, analogues aux mousselines de laine et aux cachemires d'Écosse. »

M. Guérin-Méneville écrivait, en 1862, dans son rapport à S. Exc. le Ministre de l'agriculture, du commerce et des travaux publics :

« Si des difficultés et des obstacles imprévus ne surgissent pas, si les tentatives qui se préparent réussissent, comme presque toutes celles qui ont été faites jusqu'à présent, les populations des pays tempérés et froids pourront produire une nouvelle matière textile, susceptible de donner aux classes moyennes et pauvres des vêtements à presque aussi bas prix, mais beaucoup plus durables et plus chauds que ceux qu'ils obtiennent avec le coton acheté à l'étranger. Comme je l'ai dit ailleurs, on pourra peut-être arriver ainsi à rendre moins nécessaire cette dernière matière textile, qui ne peut être avantageusement produite par l'agriculture européenne, et pour laquelle toutes les nations sont plus ou moins tributaires d'un pays de liberté où elle n'est obtenue, le plus souvent, qu'au moyen de l'esclavage.

» Un fait capital s'est produit récemment, et va tripler ou quadrupler la valeur de la matière textile donnée par le ver à soie de l'ailante : on vient de trouver le moyen de *dévider* les cocons ouverts de ce ver à soie, et tous les autres cocons du même genre, en soie grège ou continue. »

Le ver à soie de l'ailante, *S. Cynthia*, ne donne par an qu'une seule récolte dans le nord de la France, et deux dans le midi ; cependant on peut quelquefois en obtenir trois ; la première se fait de mai en juin, et la seconde d'août en septembre.

La graine de ce ver à soie ne se conserve pas comme celle du *S. Mori;* c'est une partie des cocons de la première génération et tous les cocons de la seconde qui passent l'hiver pour donner leurs papillons au printemps ; ces cocons doivent être conservés dans une chambre bien sèche et sans feu.

Éducation. — Vers le milieu de mai commencent les éclosions ; on prend indistinctement les mâles et les femelles, que l'on renferme dans de grandes cages en toile métallique, ou simplement dans des caisses percées de trous, en ayant soin que les papillons aient assez d'air ; les accouplements ont lieu pendant la nuit ; le lendemain, on prendra avec soin tous les couples sans les désunir, on les placera dans une boîte de ponte recouverte d'une gaze grossière ; on enlèvera avec soin les mâles qui ont abandonné les femelles, et on les remettra dans la première cage.

Les femelles se mettent bientôt à pondre ; on recueillera avec soin les œufs qu'elles auront donnés dans la nuit : ils se détachent facilement avec l'ongle. Ces œufs doivent être conservés dans une chambre où l'on maintiendra la température à 20° ou 25° centigrades ; l'on y fera constamment évaporer de l'eau pour avoir le degré d'humidité convenable.

Les œufs commencent à éclore vers le dixième ou douzième jour. On place aussitôt sur les boîtes de jeunes branches d'ailante ; les petites chenilles y montent immédiatement et se rangent en dessous pour commencer à ronger le bout des feuilles ; on placera alors ces tiges dans des bouteilles pleines d'eau, bouchées avec soin. Pour renouveler la nourriture, on placera à côté des premières de nouvelles bouteilles garnies de feuilles fraîches ; les vers passeront d'eux-mêmes de l'une à l'autre.

Au bout de deux ou trois jours, on pourra lâcher les jeunes vers sur des haies d'ailante : pour cette opération, il suffira de porter dans la plantation les rameaux couverts de vers ; il faudra s'arranger de manière que le vent ne puisse les enlever, et on les espacera convenablement, pour que les chenilles trouvent assez de nourriture. A partir de ce moment, il n'y a presque plus rien à faire, si ce n'est de relever les quelques chenilles tombées à terre, de chasser les oiseaux, et de rechercher les nids de guêpes.

Lorsque les chenilles ont fait leur quatre mues, elles filent leurs cocons dans les feuilles même des ailantes ; au bout de huit à dix jours, ils sont parfaitement terminés, et on peut faire la récolte (1).

Si l'on doit faire une seconde éducation, un mois environ après, les cocons donnent des papillons qui pondent comme ceux du printemps. Cette récolte se fait comme la précédente ; elle doit être terminée dans les premiers jours d'octobre.

Ailante. — Cet arbre avait été regardé, jusqu'à l'introduction du *S. Cynthia*, comme de pur agrément ; l'espèce cultivée pour le ver à soie de l'ailante est l'*Aylanthus glandulosa* ou *faux vernis du Japon* (2).

La culture de cet arbre est des plus faciles et réussit dans toutes les espèces de terrain ; on peut le faire multiplier par graines, drageons, boutures, et même par la plantation de fragments de racines.

---

(1) Voir, pour le dévidage, *Bull. de la Soc. zool. d'acclimat*, t I, 2ᵉ partie, p. 467.

(2) Voir historique de l'ailante glanduleux : *Bull. de la Soc. zool. d'acclimatation*, t. IX, p. 877.

Les graines doivent être récoltées au mois d'août ; on doit les rentrer sèches, afin d'éviter toute fermentation ; on peut les semer du mois de février au mois de mai, en rayons et en plates-bandes ; ces graines, du reste, n'ont besoin d'être recouvertes que de deux centimètres de terre. Elles lèvent trois semaines environ après ; les sujets de ces semis peuvent être replantés en novembre ou en février de l'année suivante, en haies distancées de deux mètres.

Le meilleur procédé pour la plantation de ces haies d'ailante est d'opérer au moyen de la charrue-Dombasle. On fait des sillons à un mètre de distance, dont deux forment une haie, et on laisse un passage de deux mètres.

Au fur et à mesure du labourage, une femme ou un enfant dépose dans ces sillons des plants de vernis à 50 centimètres l'un de l'autre ; la charrue, en revenant, forme un second sillon qui recouvre les plants placés dans le premier ; on redresse ensuite les ailantes qui auraient été dérangés par le pied des animaux, et on peut ainsi, en deux jours, pour la somme de 20 fr. au plus, planter un hectare.

Plus tard, les vers trouveront leur nourriture sur ces haies, et pourront s'y répandre et faire leurs cocons.

Le faux vernis du Japon peut se recéper tous les deux ans ; il donnera de cette manière des feuilles plus tendres.

En Crimée, en Italie et dans plusieurs départements, on s'est servi de l'ailante pour reboiser ; ne pourrait-on pas s'en servir dans les landes et pour le boisement des dunes ? De toutes les essences bonnes à être cultivées et taillées, c'est l'ailante qui foisonne le plus promptement ; nous n'avons aucun arbre dont la croissance soit plus rapide et la multiplication aussi facile, et qui se contente au besoin de terrains plus médiocres.

L'ailante, dit le savant agronome M. Fabre, de Lot-et-Garonne, est employé avec succès comme bois de charronnage.

M. Dupuis, ancien professeur de botanique et de sylviculture à Grignon, dit :

« Le bois de l'ailante brûle avec facilité, même sans être très-sec ; il donne une flamme vive et un feu ardent ; il fournit un bon chauffage ; les fagots vaudraient au moins autant et peut-être mieux que ceux du chêne pour le chauffage des fours ; son charbon est excellent et comparable à celui de l'orme et du mûrier. »

M. Hélet, professeur à l'École de Médecine navale de Toulon, a constaté que l'écorce et les feuilles de cet arbre contiennent une oléo-résine qui est un éméto-cathartique d'une action spéciale sur le *Tænia* ou *ver solitaire*. (Voir ses expériences : *Bul. de la Soc. zool. d'accl.*, t. VI, p. 426.)

On a fait des essais pour remplacer l'*Aylanthus glandulosa* pour la nourriture des chenilles ; on a donné avec succès du *châtaignier,* de la *pimprenelle,* du *fusain,* du *saule* et du *prunier*.

L'impulsion donnée par M. F.-E. Guérin-Méneville à l'ailanticulture n'a fait que se propager, et ses résultats avantageux n'ont fait qu'augmenter tous les jours les plantations de cet arbre pour l'élevage du *B. Cynthia*.

Il serait trop long de donner ici la liste de tous les agriculteurs qui ont fait avec plus ou moins de succès des plantations et des éducations.

Je vais seulement donner des citations prises :

1° Dans le rapport à S. Exc. le Ministre de l'agriculture, du commerce et des travaux publics, sur les progrès de la culture de l'ailante et de l'éducation du ver à soie, par M. F.-E. Guérin-Méneville ;

2° Dans ses comptes-rendus à la Société impériale zoologique d'acclimatation.

M. le comte de Lamothe-Baracé a fait, cette année, une très-belle récolte dans sa plantation d'ailantes du Coudray-Montpensier.

M. le maréchal Vaillant continue d'accorder sa haute protection à nos efforts pour développer la culture de l'ailante et de son ver à soie, et il ne cesse de contribuer à cette œuvre d'utilité publique en consacrant les rares moments de loisir que lui laissent ses hautes fonctions, à des expériences sur le ver à soie de l'ailante.

MM. les Ingénieurs et Administrateurs de plusieurs de nos grandes lignes ferrées ont voulu aussi concourir au développement de la culture de l'ailante, et l'on voit aujourd'hui, sur les réseaux de l'Est, de Paris à la Méditerranée, et du Midi, des essais de semis et plantations faits sur les talus, qui donnent d'excellents exemples aux populations voisines.

M. Leclerc (de Trye-Château) et M. Vagnon (de Saint-Marcelin) ont continué d'obtenir d'excellents résultats.

Mme la comtesse de Barbatan, née de Navailles (au château de Maslacq, près d'Orthez [Basses-Pyrénées]), a parfaitement réussi une éducation en plein air.

Mme la baronne de Castillon (au château de la Barben, près Pélissane [Bouches-du-Rhône]) a très-bien réussi une éducation.

M. Léon Maurice, délégué de la Société impériale d'acclimatation à Douai, dans une éducation expérimentale suivie attentivement, a reconnu que cette espèce se nourrit également bien des feuilles de sumac (*Rhus glabra* L. et *elegans* Ait.).

M. L. de Milly (au château de Caneux, par Roquefort [Landes]) a exposé le ver à soie de l'ailante, élevé en plein air, au concours agricole de Dax, et il a obtenu une médaille d'argent comme encouragement pour cette utile tentative.

M. Jean Roy, officier d'administration en retraite, à Châlons-sur-Marne, a obtenu un succès semblable pour « l'introduction en Champagne de la culture du *B Cynthia* Efforts et dévouement de l'exposant pour doter le pays d'une nouvelle branche de production. »

M. de Baillet, maire de Saint-Germain-et-Mons (Dordogne).

M. G.-O. de Laleu, propriétaire à Nantes.

M. le comte de Bondy, ancien préfet et ancien pair de France, propriétaire dans le Berry.

M. F. Blain, membre de la Société Linnéenne de Maine-et-Loire, à Angers.

M. Hipp. Morellet, propriétaire à Bourg (Ain).

M. le docteur Teilleux, directeur-médecin de l'Asile des Aliénés d'Auch (Gers).

M. Personnat, secrétaire de la Société des sciences naturelles de l'Ardèche.

M. Choffin, propriétaire du magnifique domaine du Tremblay, près de Joinville-le-Pont.

Un grand nombre de sociétés savantes ont accordé des médailles et des récompenses pour la culture de l'ailante et de son ver à soie.

Plusieurs Conseils généraux ont également accordé des allocations, comme encouragements, à ces plantations; plusieurs préfets les ont aussi encouragées par leur protection.

Voici trois lettres écrites à ce sujet à M. F.-E. Guérin-Méneville.

La première par M. T. Migneret, préfet du Bas-Rhin :

« Je viens de lire, avec le plus vif intérêt, votre rapport à l'Empereur sur les travaux entrepris par ses ordres pour introduire le ver à soie de l'ailante en France et en Algérie.

» Les développements dans lesquels vous êtes entré, les conséquences que vous tirez des résultats obtenus jusqu'à ce jour de vos persistants efforts, donnent parfaitement à comprendre les grands avantages que procurerait au pays la nouvelle industrie agricole et manufacturière due à votre initiative.

» Le département du Bas-Rhin, dont l'administration m'est confiée, offre sur divers points des terrains qui semblent très-propres à la culture du vernis du Japon, et j'ai la conviction que les agriculteurs s'empresseront, sur mon appel, de les utiliser dans ce but; mais il faut, avant tout, que quelques essais préalables les aient convaincus des résultats précieux qu'ils en retireront.

» J'ai donc l'honneur de vous prier, Monsieur, de vouloir bien me seconder dans ces intentions, en me faisant l'envoi, soit à prix d'argent, soit gratuitement :

» 1º Des instructions que vous devez avoir publiées pour la culture du vernis du Japon ;

2º D'un certain nombre de plants de ces arbustes, dont vous annoncez avoir formé une pépinière.

» Quant à la graine du ver à soie, je vous en ferai la demande lorsque les plantations à créer permettront de les nourrir. »

La seconde par M. F. Blain, membre de la Société Linnéenne de Maine-et-Loire :.

« Je suis heureux de vous apprendre aujourd'hui que M. Bourlon de Rouvre, préfet de Maine-et-Loire, a bien voulu prendre l'initiative et présenter en mon nom ma brochure au Conseil général de ce département, qui a inscrit dans ses procès-verbaux un article ainsi conçu :

« Le même membre de la quatrième commission signale à l'attention du » Conseil un travail de M. Blain, sur l'acclimatation, en France, du ver à soie » de l'ailante, et sur des essais pour son éducation en Anjou. »

» Le Conseil a écouté cette communication avec un vif intérêt. »

La troisième de M. Rouillé-Courbe, président de la section séricicole de la Société d'Agriculture du département d'Indre-et-Loire :

» Je m'empresse de vous annoncer que le Conseil général a alloué, sur ma demande, une somme de 500 francs pour encouragement aux plantations de mûriers et d'ailantes dans le département d'Indre-et-Loire, ainsi qu'aux autres conditions de la sériciculture en général. »

L'Ailanticulture fut introduite dans le département de la Gironde en 1859, par les soins de MM. le comte de Kercado et Trimoulet fils. Ces premiers essais, faits sur une petite échelle et dans des appartements, réussirent parfaitement. Malheureusement, par des causes indépendantes de leur volonté, et quoiqu'ils aient régulièrement continué les éducations, ces messieurs n'ont pu encore appliquer leurs essais à la grande culture. Des plantations ont été commencées par eux; il faut espérer qu'avant peu ils pourront mettre à exécution leur projet, qui ne peut que réussir, comme dans les départements du Nord, bien moins privilégiés que la Gironde. M. J. Lambertie a réussi dans quelques petites éducations, faites à Bordeaux, du *S. Cynthia*.

M. Paris a également fait quelques essais à Saint-Quentin-de-Caplong, canton de Sainte-Foy. Le savant ingénieur des mines, M. Chambrelent, a fait aussi une plantation d'ailante à Pierroton, canton de Pessac, en procédant par voie de semis en place. Cette essence a parfaitement réussi dans nos sables arides ; car les semis, faits en 1861, ont, au bout de deux ans, atteint la hauteur des pins de huit à dix ans.

Cet arbre peut donc parfaitement servir au boisement des landes et des dunes de Gascogne. Nous avons vu, dans un paragraphe précédent, l'utilité de son bois ; nous pouvons d'ailleurs renvoyer, pour avoir des explications plus détaillées, à une notice sur la culture de l'ailante, par M. A. Dupuis (*Bull. de la Soc. imp. zool. d'acclimatation*, t. IX, p. 877).

Je mets à la disposition des personnes qui désireraient faire des essais, des graines d'*Ailanthus glandulosa* et de *S. Cynthia*, qui leur seront délivrés *gratuitement* ; pour cela, elles n'auront qu'à adresser une demande au Président de la Société Linnéenne.

Du reste, il faut espérer que l'année prochaine des essais seront faits au Jardin d'acclimatation (Parc bordelais), pour populariser ces plantations et l'acclimatation de végétaux et d'animaux utiles.

S. ARRINDIA Miln. Edw.

Le ver à soie du ricin fut signalé, en 1804, par le botaniste anglais Roxburgh qui en parle dans les *Transactions de la Société Linnéenne de Londres* (t VI, p. 42, pl. 3) ; il est originaire de l'Indostan, où il est élevé à l'état domestique. Il est venu par étapes, de l'intérieur de l'Inde à Calcutta, puis de Calcutta en Égypte, de l'Égypte à Malte, sur l'initiative de M. Bergonzi et par les soins de M. Piddington et de M. W. Reid, gouverneur de Malte, et enfin de Malte à Turin, par MM. Griseri et Baruffi. Il fut élevé en France, pour la première fois, chez M. Milne Edwards et provenait d'œufs envoyés d'Italie par M. Decaisne.

Pendant longtemps il fut désigné à tort sous le nom de *B. Cynthia,* et confondu avec celui de l'ailante. M. Milne Edwards le sépara de cette dernière espèce et le nomma *S. Arrindia*, du nom indou *Arrindy-arria* ou *eria*. En 1854, il en opérait la première éducation en France et disait :

« Ce ver à soie est très-productif, sa croissance est très-rapide, et les

» générations se succèdent à des époques si rapprochées, qu'on obtient
» six à sept récoltes par an. »

Le ver à soie du ricin conserve en Europe une partie de cette merveilleuse fécondité ; les éducations du *S. Arrindia* se succèdent sans aucune interruption entre elles Leur nombre varie suivant la température ; aussi est-on obligé de l'élever pendant l'hiver, ce qui offre de grandes difficultés, les plants de ricin manquant absolument dans cette saison. Les mêmes inconvénients ne se présentent pas pour l'éducation en Algérie, où le ricin est vivace ; aussi l'acclimatation faite par M. Hardy sera une source de richesse pour ce pays.

Éducation. — Les éducations successives peuvent durer toute l'année sans interruption, mais en captivité et à une température élevée.

Dans les éducations ordinaires, on peut, dans notre pays, faire passer l'hiver aux cocons qui donnent leurs papillons au printemps ; il faut pour cela, au commencement de l'automne, les tenir à une basse température pour éviter l'éclosion ; pour l'élevage, il faut opérer comme pour le *S. Cynthia*.

L'*Arrinda* se nourrit de *ricin* ou *Palma-Christi* ; on peut lui donner aussi de l'ailante. On a également réussi avec un grand nombre d'autres plantes, telles que saules, lilas, chicorée sauvage, choux, chardon à foulon (1), sumac, etc.

Obs. — L'éducation de ces chenilles faite sur le sumac à feuilles arrondies (*Rhus glabra* et *elegans*) a parfaitement réussi. Le sumac étant d'une culture très-facile, se reproduisant par drageons et venant très-rapidement, on pourrait y élever l'*Arrindia* comme le *Cynthia* sur l'ailante.

Les œufs sont d'un blanc-gris, adhérents entre eux par une substance glutineuse ; leur coque est épaisse et résistante. Les vers, au sortir de l'œuf, ont environ trois millimètres, ils sont couverts de poils noirs ; au bout de deux jours on peut les mettre sur les plantations de ricin. Au deuxième âge leur couleur devient jaunâtre, leur tête est noire.

Au troisième âge ils sont d'un blanc tirant sur le vert, et la tête d'un beau blanc d'ivoire ; à cette époque, la pince caudale est très-développée. Au quatrième âge, leur peau devient d'une teinte azurée, augmentant d'intensité au fur et à mesure de leur développement ; leurs tubercules sont alors très-saillants ; les vers ont environ 65 millimètres de long sur 7 millimètres de diamètre, et pèsent environ 4 grammes 7 décigrammes.

---

(1) D'après M. Vallée, le chardon velu est nuisible à ces chenilles.

Les chenilles de l'*Arrindia* sont extrêmement robustes ; comme celles du *Cynthia*, elles résistent à la pluie, aux orages et aux vents les plus impétueux ; elles sont très-sociales, et se réunissent par groupes sous les feuilles qui doivent les nourrir et qui, en attendant, leur offrent un abri.

La dernière mue terminée, ces chenilles se mettent à filer leur cocon. Après beaucoup de controverses, on a reconnu que ces vers en faisant leurs cocons, se réservent une sortie sans couper leur fil, et la meilleure preuve à l'appui de cette opinion, c'est que dernièrement on a trouvé le moyen de les dévider même après l'éclosion.

Comme le *S. Pyri*, le papillon de l'*Arrindia* sort de son cocon en se bornant à écarter les fils qui en obstruent l'entrée. Pour la fécondation et la ponte, les éleveurs opèrent comme pour le *S. Cynthia*. (Voir la figure, *Bul. de la Soc. imp. zool. d'accl.*, t. I, pl. 2.)

En été, l'élevage de la chenille dure vingt-cinq jours ; elle reste en cocon vingt jours ; on conserve les œufs environ dix jours, ce qui fait cinquante jours pour une éducation complète. En hiver, elle peut durer quatre-vingt-dix à cent jours.

M. Kaufmann a observé dans cette espèce des cas de superfétation très-curieux. Des œufs non fécondés ont pu éclore et donner de bonnes chenilles. Des faits analogues ont été vus par MM. Siebold, Morier, Lotelier, Bourcier, Popoff.

L'éducation du *S. Arrindia* ne peut pas être faite sérieusement en France : 1° avec le ricin qu'on est obligé de semer tous les ans, et dont on manque à la fin de la saison par suite des gelées hâtives ; 2° à cause de l'hivernage des cocons que l'on peut manquer par suite de causes diverses.

De nombreux essais ont été tentés avec plus ou moins de bonheur, soit en France, soit dans nos colonies algériennes.

On peut donc réserver cette culture pour l'Algérie, où le ricin vient parfaitement.

Culture du Ricin. — Le ricin ou *Palma-Christi* est un arbuste de la famille des euphorbiacées ; il y en a environ une douzaine d'espèces. Dans les pays chauds, il s'élève d'un mètre à dix mètres de hauteur. Sous notre climat, il est cultivé comme plante annuelle, et ne peut pas supporter nos hivers, même sous des abris faits en planches et couverts de paille. Les graines mûrissent sous notre climat : elles contiennent dans le périsperme une huile grasse et douce, purgatif excellent ; et dans l'embryon, un très-bon vermifuge. Avalées à la dose de deux ou trois, elles excitent des vomissements. Les feuilles sont émollientes et adoucissantes.

On a calculé qu'un are pouvait donner 14 kilog. de graines et environ
2 kilog. 1/2 d'huile. Les ricins de France, à poids égal, donnent 1/6
d'huile en plus que ceux d'Algérie.

Cette huile a été employée avec avantage à la fabrication du savon.
L'habile chimiste M. Bouis a découvert, après de savantes recherches,
qu'en distillant l'huile de ricin sur de la potasse concentrée, on obte-
nait de l'*acide sébacique* et de l'*alcool caprylique*. Par ce procédé, l'acide
sébacique n'a aucune mauvaise odeur, et on en obtient une très-grande
quantité, à-peu-près le 1/4 du poids de l'huile employée; par l'élévation
de son point de fusion, il jouit d'une solidité remarquable, et rempla-
cerait avec avantage l'acide stéarique dans la fabrication des bougies.

L'alcool caprylique peut remplacer l'alcool ordinaire, particulièrement pour l'éclairage et pour la fabrication des vernis : il donne naissance à de nouveaux éthers composés, remarquables par leur odeur.

Comme les chenilles ne se nourrissent que des feuilles, on pourrait
retirer de ses graines un produit avantageux qui compenserait les frais
de culture. Le semis doit avoir lieu au commencement d'avril. (Voir,
pour la culture du ricin, *Bull. de la Soc. zool. d'acclimatation*, t. I,
p. 510; t. II, p. 33; t. III, p. 349.)

MÉTIS DES *Saturnia Cynthia* ♂ ET *Arrindia* ♀.

M. Guérin-Méneville fit connaître le premier un essai d'hybridation de
ces deux saturnies, obtenu par M. Vallée au Muséum de Paris, en 1858.
Ces hybrides, aussi robustes que les types, paraissent se rapprocher du
Cynthia, se nourrissent indifféremment de l'ailante ou du ricin, donnent
des papillons à des intervalles moins rapprochés que l'*Arrindia*, et passent l'hiver en cocon ; l'éducation est la même que celle du *S. Cynthia*.

On a également obtenu des métis de l'*Arrindia* ♂ et du *Cynthia* ♀.

S. BAUHINIÆ Bdv.

Cette Saturnie, venant du Sénégal, a été introduite, en 1855, par
M. Barthélemy Lapommeraye, directeur du Musée d'histoire naturelle de
Marseille. Le papillon est éclos à Paris ; mais, comme la chenille se
nourrit de feuilles d'un jujubier (*Zizyphus orthacantha* DC.) très-
voisin de l'une de nos espèces algériennes, c'est dans cette colonie seulement que nous pouvons espérer de l'acclimater.

S. TARQUINUS Cramer.

M. Michely, de Cayenne, a envoyé de cette provenance un certain nombre de cocons du *S. Tarquinus*; j'ignore le résultat de cet envoi. (Voir *Papil. exot.* de Cramer, t. I, pl. 4.)

S. BANNINGII Bdv.

Ce nouveau ver à soie, envoyé de l'Himalaya occidental par M. Th. Hutton, en 1859, se nourrit des feuilles du *Coriaria nepalensis* Wall. et du *Xanthophyllum hastile*; il pense que les feuilles de ricin seraient aussi bonnes pour sa nourriture.

Je n'ai eu aucun renseignement sur l'éducation de ce ver à soie.

S. CEANOTHI Behr.

Le cocon de cette Saturnie, originaire de Californie, a été envoyé, en 1857, en Allemagne, à M. le Dr Behr, qui a transmis quelques observations à la Société d'acclimatation, et lui a donné le nom de *S. Ceanothi*.

Son cocon, très-difficile à dévider, peut être considéré comme nul pour la production de la soie.

TABLE

Bordeaux. — Imp. de F. Degréteau et Cie.